兰花旨

中国兰花的形神与品格

沐斋精选作品

宁大有·著绘

中国经济出版社
CHINA ECONOMIC PUBLISHING HOUSE
·北京·

自序

廓然无碍

《空色》《兰花旨》《勾阑醉》都是我十余年前的旧作，如今全新再版，也算给期待已久的老读者们一个交代了。三书合出，最早是编辑的主张，然而现在想来却自有其中的道理。一来，三本书的主题各分“阴阳”：兰分兰、蕙，戏分雅、乱，意象分空与色；二来，昆曲被称作“江南兰花”，兰花本身就是一个意象，就是“空色”；至于色空不二，浮生如戏亦如梦，“空色”又何尝不是一出出的戏、一个又一个的梦呢？

昔日庄周梦“栩栩然蝴蝶也”，十余载光阴再回首，发如雪而鬓染霜，恍惚间我也“猗猗然兰也”！这些年，一众兰草随我辗转漂泊，凋零损半，甘苦悲欣，唯有自知。孔子说：“五十而知天命。”天，道也；命，象也；五十，数也。《左传》写：“物生而后有象，象而后有滋，滋而后有数。”人的命，一如兰草的命，无外乎持贞守正、处顺安时。得意处，正心做事，戏会越唱越好，兰也越滋越茂；失意时，止心随缘，站在兰花丛中对月听曲，幽香有无中，天地廓然无碍。

人们常称羡空谷幽兰，赞美它“不以无人而不芳”，可是有谁愿意真的栖身幽谷呢？《易经》之《困》卦曰：“入于幽谷，三岁不觌。”是君子也不想困于谷底，遑论凡夫？而其彖辞“不失其所亨”，老子亦云“不失其所者久”，都在告诉我们要守住一颗心如如不动。在困境中，更要乐天知命，像兰草一样含章可贞，扬扬其香，静候光明。如是则一念之转，境界别生；所谓困境，皆是妙境。

如今三年疫情结束，三部书稿也将重获新生。此次再版，《空色》变动最大，文章由原来的“十二品”扩展为“二十品”，同时更新了全部画作；《兰花旨》次之，增删了十数篇，并重制了绝大多数画作；《勾阑醉》文字相对保留完整，只在画作上尽量更新。付梓之际，既要感谢黄昕不厌其烦地敦促、沟通和协助，更要感谢素晗多年来一如既往地支持、勉励和付出。《易》云：“同心之言，其臭如兰。”愿兰之馨，如汉之广，如山之恒，周流四序，时时处处。

癸卯立冬后五日于京城

序一

人与花

刘恒

认识沐斋之前，先读到了他的文章，继而看到了他的水墨。他行文多古意，画格亦如是。最终见到了他的人：三十来岁的书生，眉清目秀、优雅谦逊，与其笔墨种种竟极为和谐，令人惊讶。当今乃俗世，俗气当道，俗雾弥漫也！此人小小年纪，竟有这般禅心雅意，殊为难得，遂引以为知己。无奈鄙人老朽，欲知之而不知，欲深知而更不得知之，故此序不免胡言，须先在这里求谅了。

前几日游山入林，心情大快，不由叹曰："一见树就高兴，咱们确实是猴子变的！"同行者信然大笑。然而，我不喜兰花，这是怎么搞的呢？那些喜欢兰花的，又是为什么呢？无解，因为我无知。

大约两年前吧，头一次踏入沐斋的住处，被二百多盆兰花惊呆了。我倚老卖老，竟然批评他生活态度懒散，不规律且不整洁不振作，似乎还说了千万不要玩物丧志一类的话，就差斥其为恋物癖了。现在，仍能记起他含笑不语的样子，却断定这谦逊的后生是在心里嘲弄着我的武断和糊涂了。他不反驳，也不解释，直到把这本《兰花旨》递到我的案头。翻开这精美的篇什，无须他来辩解，我要亲自动手，自己来打自己的嘴巴了。他是对的。他在公寓里种满了兰花，然而——他是对的。

我相信，在所有关于兰花的书里，他的书是独一无二的一册，且是质地极为优良的一册。散文、旧体诗、行书、水墨画，哪一项都有上佳水准，配得上专业人士的明断，亦经得住外行人挑剔的眼光。最感满足的，乃至感到惊喜的，无疑是他的知音，是那些爱兰花爱艺术且爱宁静爱寂寞的人们。沐斋以及他身边的同道，未必是这个世界中的强者，却是一批有力量的人。至少，这本书便具备了让我肃然起敬的力量——如果精神力量也算一种力量的话。

坦言之，溺爱兰花，难免给人以弱不禁风之感。然而，错觉在此，奥妙亦在此。以愚之见，喜爱兰花的人，并非喜爱它的纤弱，而喜爱的恰是它所蕴含的力量。在知音者的眼里，这小小的花朵，必定含了无穷的境界，令养护者与观赏者一并与众不同了。最大的不同，便是脱俗。在俗世的泥污之中，兰花似乎有了超拔的力量，或者说泥足深陷的人们希望它具备这种力量，将自己从污泥浊水之中拎出来。古往今来，文人墨客们寄托于兰花的，不就是这些吗？沐斋陶醉于兰花的原因，不会有例外吧？自然，说过的和准备说的，一律都是我的揣度，请各位明鉴就是了。

世间最大之俗，乃不静。天不静，有人一味呼风唤雨，引雷惑世；地不静，车马人兽争于途塞于道，一派乌烟瘴气；人不静，七情六欲闹于心，鸡鸣狗盗累于身，害得个个遍体鳞伤。有人说不静是常态，五千年来就不曾静过！不静便是病，五千年不静则是民族之大病。此患不除，国无宁日。志士仁人寻医问药，求静之心就没有歇过。兰花却是静的，静静地生、静静地死，无论生死都静静地吐出芳香。一代又一代，在那些善心未泯的文人心目中，这便是一味良药吧？即便治不了俗世之病，至少可以让自己优先安静下来。无疑，兰花确乎有一种静的力量。

世间的另一大俗，乃不净，即不洁也。身心不净不必提了，便是身外亦不净。极言之，正因为身外不净，才导致了身心之不净。倘若天净地净、食净水净、街净宅净，人之身心焉有不净之理？有人又说了，汉民族本是洁净的，让北方游牧民族打得颠沛流离，欲净而不得净，终于以不净为常态，连便溺之随意也归罪于北方流窜的骑兵们了。兰花却是净的，至少是需要洁净之所的吧？

历代文人寄情于兰花，有企求安定的意思，然而骨子里渴求的必定是洁净的生活状态，一枝叶净花洁的幽兰足以成为这种安定状态的标志，乃至成为一种幸福的象征。在国人的缺点中，最被人诟病的便是不净。不净貌似小病，实为大病也！兰花非花，或许真真就是一味药，不食则祸，食之则不仅有效而且有益。在爱兰者的固执里面，其求净之心，几乎可以称得上悲怆了。何年何月，堂堂中华民族才能被视为最讲究洁净的一群人呢？且候神州大地，家家养兰爱兰之日吧。我实在找不出更简便更可行的求净之法了。沐斋或许更为幸运一些，他手里多了一支画笔，在一幅幅整洁的画面中，他将心中之净呈现了出来，闪耀着圣洁之光。所谓求净之净，也无非如此了。与人世间的种种不洁作战，他有了优良的武器，而我们呢？唯有各自为战罢了。

在不静与不净之外，最想摆脱的一大俗病，乃不精。做大事要事不精，做小事琐事亦不精。总之，不论难易，甚至也不论祸福，只要事情经了自己的手，皆以不精了之。粗枝大叶之病或许一时要不了命，却如牛皮癣一样，附在民族的肌体上，奇痒难耐，久而久之真有令人发疯之危。精致地做事情，精致地做东西，难道真的会令人痛苦不堪吗？或者，粗枝大叶地做事情，粗枝大叶地做东西，真的能给父老兄弟姐妹们带来极大的快感吗？果真如此，就让我们永远粗枝大叶好了，让世界上拒绝粗枝大叶的异族们统统倒霉去吧！自然，此乃痴人说梦之语，真的血淋淋的事实则明摆着，一部屈辱的近代史，便是粗枝大叶及其恶果的演出史，令人惨不忍睹啊！

兰花却是精的，不仅要精致地种，还要精致地养，精致地观赏，精致地吟诵，精致地描绘，真可谓无处不精。如此精致地对待一株植物，或许无以救国，亦无以疗病，却是更生与新生的起点，是灵魂之野火得以复燃的一种象征。无须追求出手便有扭转乾坤之力，只需以点点滴滴做起，暂将粗枝大叶之陋习拒于千里之外，则上上下下今今后后幸甚矣。试问，在窗口小心翼翼地养一盆兰花，还有比这更捷近的求精逐弊之道吗?

沐斋这册书，便是解释何为精致的一个范例，所有不经意之处，皆为其耗尽心血之处。犹如粗枝大叶必遭报应，沐斋之精诚，必将在这日日进步的人世间得到美好的报答。苍天不负，渐渐拢到他四周的知音们，将越聚越多，那赞美之声则无异于天使的歌唱了。艺术之神，将以他平凡而不懈的努力为傲，而我们则乐于与他并肩求进，并将以此为荣。

我比沐斋年长，且偶有好为人师之时，此亦为一病也。以求静、求净、求精而论，沐斋则优于我也长于我，堪称我师了。此书便是教材，此序权当作业了。读者则请自便，有愿意给师生打个分的，则不管您手紧手松、心冷心热，我都预先在这里替自己也替沐斋，深深地谢谢诸位了。鞠躬不赘。

癸巳深秋八月廿日于牛街宅中

序二

好之者不如乐之者——沐斋画兰三昧

楼含松

兰花形劲挺，色素淡，香幽远，被尊为香祖，供作嘉草，由来已久。孔圣人称其“王者香”，屈大夫“滋兰之九畹”，王右军修禊于兰亭，古往今来，兰花是诗词、绘画、音乐创作的重要题材，名篇佳作指不胜屈。从画史看，宋代以来，文人画兴，梅兰竹菊“四君子”，“竹有节而啬花，梅有花而啬叶，松有叶而啬香，惟兰独并有之”(《王氏兰谱》)，兰花尤为文人画家所钟爱。从书画同源而论，画兰最得书法用笔与结体之趣；从抒情写意而论，兰之清、素、廉、劲，最能体现孤怀幽抱。宋遗民郑思肖善画兰，每不画土，人询之，则曰:“地为番人夺去，汝不知耶?”这个典故，为后世文人画兰，定下了基调。在文人笔下，兰花已非独为百卉之一种，更是中国文化精神的符号象征。但大多数人对于兰花，恐怕是闻其名而未见其实，知其一而不知其二。即便是画家画兰，也很少写生，更多是逸笔草草，追求笔墨趣味。

《论语》云：“知之者不如好之者，好之者不如乐之者。”沐斋爱兰十余载，他在家中滋兰逾百余本，额其画室为“畹庐”，可见念兹在兹，情有独钟。古来画家体物寄情，以致痴迷，代不乏人。米芾拜石、王冕种梅、文同“胸有成竹”，都是画坛佳话。通过直接观察、揣摩得来的理解、体悟，与照本宣科的笔墨因循不同，必然对其艺术取向和表现手法产生影响。沐斋画兰，尤以写生为能事。

兰花品类繁多，形色各异。沐斋匠心独运，以“小写意”写兰，一花一叶皆自书法中出，又能应物象形、随类赋彩，笔触精准洗练，钩茎点蕊，敷色晕墨，一气呵成，传神写照，天趣辏泊。自文人画成为主流以来，“论画以形似，见与儿童邻”。写意被奉为古典审美之圭臬，写实则被看作工匠的手艺，甚而被贬为绘事的末流。不知这是中国绘画之幸还是不幸？我以为任何一门艺术，都有内在质的规定性，还是白石老人说得好：“太似为媚俗，不似为欺世。”沐斋画兰，可谓得其三昧。

然沐斋本非职业画家，他本科金融，研究生治学传播，做过记者、电视策划、杂志编辑，角色多变，但心有所持。他深爱中国传统文化，研读经史，雅好诗词歌赋，兼及听琴观戏，乐此不疲。浸淫日久，加之用心用功，遂达乎融会贯通。近年来，他以国学为基，围绕中国美学意境，以诗文配画的独到体例，已经出版了几部书，深得读者喜爱。此书也同样是“诗文书画”并举，但与前书有所不同。这一册可谓“兰花宝典”，围绕兰花品目、鉴赏、旨趣，熔知识与感悟于一炉，娓娓道来。沐斋的文字，博雅清通，与其画作相互映发。诗画一体，意在笔先，本是传统文人画之要妙，却成为当下职业画家心有余而力不足的软肋，恰恰也是沐斋别开生面之所在。沐斋将自己有关兰花的文字与画作萃为一编，书名《兰花旨》，盖有深意焉。

今之人，爱兰者众。爱而能滋兰、画兰、赋兰者，其唯沐斋乎？

癸巳年白露于浙大之西溪

引　子

古人养兰花，唯重兰蕙。所谓“滋兰树蕙”“兰心蕙质”“兰蕙同心”，说的就是今日之春兰和蕙兰。所谓“国兰”，也以这两种为代表。她们是兰界之中流砥柱，从古至今铭品辈出，代代相传。离开春、蕙，国兰文化几乎无从谈起。

春、蕙之外另一个堪当重任的，便是建兰。建兰之栽培历史并不比春、蕙晚，甚至有的更早。明清之兰蕙著作，多有提及。建兰普及之广、铭品之盛、放花之频，皆蔚然可观。

寒兰，是最特立独行的兰花品类，其花姿花品花性均与众不同。中国大陆于之发掘较晚，始终不够关注。然而在日本、韩国和中国台湾等处，寒兰却一直备受青睐。尤其日本，奉浙江寒兰为无上神品。如今，寒兰在中国大陆兰界也渐趋热，既可视为传统之发展和兰人之内省，也或可看作全球化背景下兰文化国际交流之结果。

春剑、莲瓣，与春兰一脉相承，过去曾把春剑和莲瓣作为春兰之异种，而一些春剑也与莲瓣十分接近。春剑主产于四川，莲瓣主产于云南，故也分别泛称为川兰和滇兰。这是两类当代热门品种，下山佳品甚多，其花鲜艳夺目，可谓繁花似锦，别开生面。

兰，是承载着中国传统文化主体精神的嘉草，又是国人“最熟悉的陌生人”。愿拙作能开启一扇窗，与诸位同好共赏春兰之宁静、蕙兰之超拔、建兰之丰饶、春剑之雄奇、莲瓣之婉约、寒兰之飘逸，让高怀雅致的有心人都能闻得孔子所誉的“王者香”。

春兰

宋梅

宋梅

别名：锦璇梅

门派：梅

品级：上上品

地位：春兰梅瓣领袖，“国兰双璧”之一，“四大铭品”及“四大天王”之首，“老八种”之一，堪称国兰之标志花。

历史：清乾隆年间，由浙江绍兴宋锦璇选育。

叶材：株叶深绿，叶片弓垂，厚而细长，极具弹性；叶长25～30厘米，叶宽0.5～1.5厘米；叶尾钝尖，叶缘细齿，叶面具光泽。

花貌：花容端庄大度，香气纯正幽远；花色浅绿，瓣质厚糯；外三瓣短阔浑圆，先端有小尖锋，主瓣中正，副瓣平肩；中宫圆整，蚕蛾捧，合抱合蕊柱；唇瓣乃短圆之刘海舌，缀朱红点；花莛高昂，时高出叶面。

点评：宋梅品格之正，虽历百年无可替代，足堪为国兰一代宗师，垂范后世。

如果在芸芸众草中，推选出唯一的一种作为国兰的代表，那无疑是宋梅。

我与宋梅初相识，大约是十年前，那时候在杭州求学，没事儿经常骑着自行车在杭城里随处逛荡。说是随处逛，其实基本上我在一座城市里常去的无非就那么几个地儿：书店、文房、花市，古玩城。那时候我养的几盆兰草，用现在眼光来看都算“不入流”，兰花的著述也没读过，完全凭着一股莫须有的热情。

进了那家店里，我逐盆兰花看，也看不出什么门道，只感觉是满架子蓬勃却清秀的野草。店主人和几位兰友在喝茶聊天，我听他们说话，偶尔说到兰花的话题，我无意识地朝那个方向一瞥，却赫然发现茶席边摆放着一盆盛放的兰。它的花朵极精美，鲜润圆满，虽然不大却光彩照人，与我过去从画谱、画展中所见兰图迥然不同。

我连忙走近前，赞叹道：“这兰真漂亮！”店主呵呵笑道：“那当然，这可是铭品，‘四大天王’之首的宋梅！”我一下子记住了这个名字。

最开始，我以为宋梅便是宋朝流传下来的、花开得像梅一样的兰花。这也难怪，杭州本就是南宋之都，出品个把名兰有啥稀奇？后来才知道，此花之名是缘于发现者的名字叫宋锦璇。这宋锦璇也是乾隆年间绍兴城宋家店闻名的富户，据说生活简朴，常接济穷人，无半点不良嗜好，唯乐养兰。

宋锦璇家住会稽山，这里正是千年前越王勾践种兰的地方，书圣王羲之当日挥毫的“兰亭”，便因此而得名。说来，兰文化与诗文书画之渊源也是由来已久。而绍兴这块宝地，真是人杰地灵，专出各个领域的一流选手（数不胜数），人如此，物也如此，书法有《兰亭序》，兰花有宋梅。正应了那句话，山不在高，水不在深，一树梨花压海棠。又好比有些人号称“著作等身”，却拿不出一件像样的东西，曹雪芹就一部半成品，却足够了。

回头还是说宋锦璇的宋梅。传说宋锦璇上山采得宋梅是缘于他的一个梦，但这绝对只是个传说。不管怎样，时至今日，兰花各个部类中都出了无数的梅瓣花，但几乎没有一个超过宋梅的。若论花瓣之圆，它不及春剑的玉海棠；若论花形之伟，它不及蕙兰之程梅，但论典雅气韵，唯有宋梅。

宋梅一花，表达的是儒家“中庸”之道。《中庸》云：“喜怒哀乐之未发，谓之中；发而皆中节，谓之和。”含苞欲放及初绽时的宋梅，你远望它，它一枝独秀，挺拔于叶间，虽身材不高，却轩昂抖擞，凛然不可犯；盛开之际的宋梅，花香环宇，却淡定从容，不烈不戾，中宫含抱，谨小慎微，真如堂堂君子，不越雷池。

致中和，天地位焉，万物育焉。（《中庸》）

古人选兰，首重其品。这兰品便是人品，是君子之人格，是士人之器识，是我们中国人传统精神的命脉所系。所以《中庸》才说："中也者，天下之大本也；和也者，天下之达道也。"我们的祖先将这"修齐平治"的理想寄寓于一株兰草之上，同时也是在告诉大家什么叫"道不远人"。

换句话说，一朵小花开出了儒家精神之境界和道德之标准。这就是宋梅的意义，这就是兰之所以为兰而远别于凡卉的理由。

宋梅

无须更说梅花事，自有孤芳在一枝。

幽客宸章添岁杪，百年冷月映天姿。

龙字

龙字

别名：姚一色、余姚第一仙

门派：水仙

品级：上上品

地位：与宋梅合称“国兰双璧”，春兰“四大天王”“五大名花”之一、春兰“老八种”之一。

历史：清嘉庆年间发现于浙江余姚之高庙山。

叶材：株形较大，叶色浓绿有光泽，长 30 ~ 40 厘米，宽 1 ~ 1.4 厘米。叶茎细，中幅宽，叶尖尖，号称“芯叶香线脚，低叶螳螂肚”。叶形或斜立，或旁出，或弯垂，变化莫测。

花貌：花莛高 15 ~ 20 厘米，略高于叶面。花为荷形水仙瓣，五瓣分窠，圆阔而尖，紧边质厚，翠绿色中略带黄色，有透明感。花朵硕大，约 7 厘米。捧心花瓣半开，有兜，观音捧，大铺舌，舌稍反卷，纯白而点缀三个倒“品”字形红条斑。

点评：龙字花朵硕大，为传统春兰中最艳丽夺目者，其为荷形水仙之冠，名不虚传。

龙字，艺名“姚一色”，江湖人称“余姚第一仙”，与宋梅合称“国兰双璧”；此外，无论是国内的“四大名兰”“老八种”，还是日本兰界之“四大天王”，龙字都位居其中且跻身前列。无数的称谓、绰号与头衔——正所谓人在江湖玩，谁不戴光环？虽说“虚名安用哉”[1]，然而世风越俗，虚名越有用，至少可以唬住外行。

但龙字绝非唬人之辈，确是实至名归。在日本，龙字的写法是“竜字”，竜是龙的异体字，只要有这两个字出现在兰草的标签上，人们的眼睛都会发光。正所谓“你值得拥有”，龙字的花，被公认为春兰中花朵最大和花色最艳丽者；从其下山至今，二百余年过去，龙字独占春兰荷形水仙乃至水仙一门之魁，岂是浪得虚名之徒所能。

龙字的花品超绝，名字也极富霸气，由何而来却至今成谜。一种说法是当年余姚兰家的女儿被选入宫，随身陪嫁的物品中便有这盆兰花，嘉庆帝见之称奇，大为赞赏，御笔亲挥，赐名“龙字”；另一说法则是余姚之高庙山，乃四明山之尾，此山形似龙，传为龙脉所系，为风水宝地，而此兰恰由此出，故得“龙字”之名。这两种说法，前一种为浪漫主义，后一种为现实主义。然而不论是浪漫，还是现实，都比较牵强，俱不足信。

既然如此，我也跟着胡诌，乱猜一番。至少，可以再给出两种

---

1 李白组诗《月下独酌之四》：“当代不乐酒，虚名安用哉？”

说法。

其一，按照传统兰蕙命名法则，一般来说，但凡唤作“某字”的，大多为育兰者之姓氏，或其书斋、兰室之名字，比如春兰之汪字、万字，蕙兰之陈字、阮字等，依此推断，龙字或为一龙姓的兰人所发现或栽培，要不然就是其人其地有什么跟“龙”字有关的称谓。

其二，前面已经说过，此兰花色最为华丽，而龙乃是祥瑞之物，天子之征，至尊之相，二者气质最相契，《周易》也每以“龙”取象作喻。所以，龙字的命名理由或许就这么简单——见龙在田，遂以名之，也未可知。笔者这种论调也非绝无仅有、空穴来风，试看蕙兰铭品“元字”之命名，正是此等章法。因其花好，好得无以复加，便取“元”字“第一”“起始”“头领”之义名之，所谓“元亨利贞”者也。

当年，余姚的一位兰友跟我说起龙字，他说你可能不知道，眼下国内的龙字其实都是日本返销的，我们的原生种早都绝迹了。我不敢相信。

说原生种数量不多，这个自然，但若说绝迹，总不至于。就算当年日本人再怎样巧取豪夺，总不能挨家挨户地把兰人搜罗个遍，而我们的兰人也总不该一苗草也养活不到今天。网上看到嘉兴兰友的一篇文章，解释为何龙字在嘉兴独多，是缘于抗战时期发生在嘉兴火车站的一个意外插曲。

故事大略是这样的。一名加入日伪军的游民青年，有一天在火车站站岗的时候，偶然发现日本人随车皮准备运往京都园艺场的一篓子草，他很好奇：日本人运草干啥？但转念一想，日本人淘来的一定是好东西，于是随手就从中拽出一把。刚好临近中午，他回家吃饭，路上遇见一个老乡，这个老人是个花农，叫阿三，他就把手里的兰草给阿三看。阿三虽然也不懂兰，但觉得草形漂亮，值得栽培，就拿当日的卖花钱与其交换。结果大家应该料到了，这兰草正是龙字。由于阿三老人善于莳花，这龙字从此就在他手上发扬光大，日积月累、年复一年，分出一盆又一盆，都或送或卖，转与嘉兴各户人家。

不知这则故事可靠性有多大。但至少，可以作为一个例证说明，铭品老种不那么容易断绝。更何况，龙字一兰本极好养，勤草又勤花，真是想养死都难。今年是龙年，我的一盆龙字发了花苞数朵，新芽满盎，而且根红苗壮，叶子也长得龙飞凤舞。春节快到了，辛苦一年的“花奴”总是在此刻春心荡漾，我内心小小的欢喜，窃窃期待着它们怒放的生命。

人生苦短，只争朝夕。不争也是一种争——从“见龙在田”到“飞龙在天”，哪怕“亢龙有悔”，圣人都教诲我们：“天行健，君子以自强不息。”这也是龙字静静倾吐的心意。

龙字

不羡飞天事，偏能乐在田。
清华姚一色，啸傲百香前。

《周易·乾卦》中的两爻辞，『九二，见龙在田』『九五，飞龙在天』。言飞龙下凡化身为龙字也。

清华：清丽华美。《晋书·左贵嫔传》：『言及文义，辞对清华。』姚一色，龙字的别名。

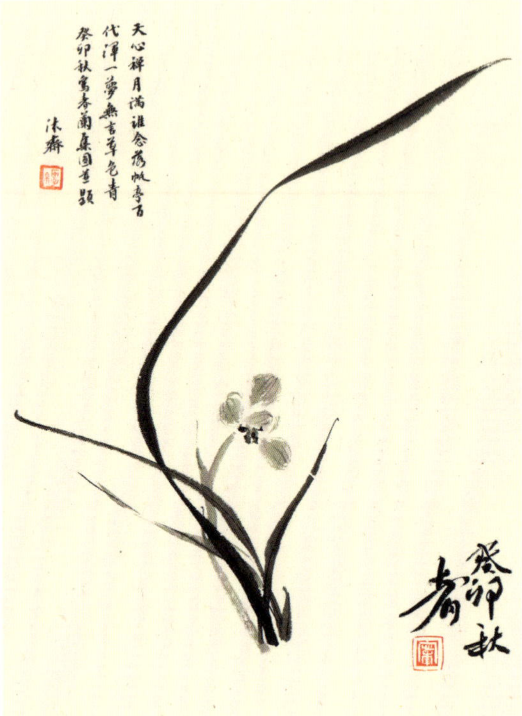

集

圆

集圆

别名：十圆、老十圆

门派：梅

品级：上中品

地位：春兰“四大天王”“五大名花”之一、春兰“老八种”之一。

历史：清咸丰年间，由浙江余姚张圣林、杭州高俊甫培育。

叶材：株形不大，叶色深绿，中部阔厚，叶尖钝圆。

花貌：花朵较小，色泽青翠。花容端正，正格梅瓣。平肩，捧瓣起兜，小如意舌，舌缀红点。

点评：集圆之形，近似宋梅，而大小神采逊之。然其历百年不倒，稳居春兰“四大”之列，可知其花品之正，格调之佳，良有以也。

由于年代久远，许多兰蕙铭品的历史和身世，本身就是一桩桩无人能解的谜案。同时，也正是这些“谜”吸引着后人乐此不疲地去分辨和追寻。

且说“四大春兰”中的集圆。

集圆，又名老十圆。大多数人都认为这是同一品种的不同称谓，但也有人声称二者原为两个不同的品种，由兰人张圣林和高俊甫分别选育。孰是孰非，今已无从考证。然而关于集圆的身世，另有两个关键性的传奇人物和一则他们之间的动人传说，却值得一讲。

话说清朝道光末年，浙江嘉兴有一座名不见经传的寺庙唤作修塘寺，这寺庙就建在京杭大运河边。庙门前的河岸上有一亭，由于亭畔的石桥极其矮小，来往运河上的船只至此必须降下船帆始能通过，所以此亭便得名“落帆亭”。我们别小看这一亭一寺，一代名兰集圆的传奇就从这里开始。

有一年春天，修塘寺迎来了一位奇特的客人——一位须发斑白的行脚僧。云游僧到寺庙歇脚，按理说并不足为奇，可这老僧奇就奇在，他手里持的不是钵盂，而是一把草；进入寺里不先去歇息，而是赶忙寻找盆缶，将手中那把草细心栽入盆中才算了事。随后，这“奇僧”就离开修塘寺，继续去云游。

江南二月，草长莺飞。没过多久，修塘寺里的僧人们就惊喜地发现，云游僧所栽的“草”开出了幽雅的小花，那花朵精致圆润，幽香怡人，吸引了无数香客和居士的赞赏和流连，其中自然也少不了一些懂行的兰人。而那云游老僧也恰在此时神奇地再次出现。

这一回，云游僧不再“孤单”，整日接待四面八方闻讯赶来赏兰的兰友，大家围坐切磋，听“奇僧”阔论高谈，都感觉受益匪浅。特别是其中一位姓杨的老兰家，更是与这老僧一见如故，相逢恨晚。有一次，老僧叮嘱姓杨的老人：“我漂泊四海，居无定所，未知前程何处，也未知再会之期。来日若久不相见，唯有一事相托，烦请为我照料这寺中的兰花，这些都是我十余年来云游各处搜集来的奇珍异品，但愿它们能长存世间！”

随后的日子里，兰草继续生长，云游僧继续云游，一众兰友各作鸟兽散，直到一场世事突变。咸丰末年，太平天国起义爆发，嘉兴城饱受战火，杨姓老人和众乡亲一道背井离乡到外地逃难。等到战事平息，重归故里，杨姓老人触目所及尽是废墟，修塘寺早成瓦砾，唯有落帆亭，伴着大运河的脉脉流光。老人独坐亭中，勾忆过往，睹物思人，不觉间老泪纵横。

忽然间，老人想起云游僧的话——兰花！他赶紧擦去泪水，走进修塘寺的遗址，在断壁残垣间找寻兰草的踪迹。从日出到日落，老人终于在菜园方位的废墟一角挖出了一株仅存三两片叶的残苗。从此，杨姓老人精心照料这株小草，一晃儿就是两三年，而那昔日残苗已经长成满满一小盆壮草。同治二年初春，这盆草悄然绽放了两朵花，而从始至终，云游僧却再也没有出现。

杨姓老人手捧这盆幽香四溢的兰花，百感交集，默默无言。这株兰，花开胜梅，圆萼紧结，五瓣分窠，典雅秀丽，正是难得的上品好花。老人心想，该给这株珍品起个什么名字呢？从云游僧发掘它，到我受托抚养，直至它开花，已经十数年。十年莳一“梅”，十年圆一梦，就叫它“十圆”罢。

“十圆”在老人手中滋长，后来传遍大江南北，从此世代流传，生生不息。

这就是春兰铭品“老十圆”的传说——我明知道这个传说有多“虚构”，但仍愿意“姑且信之”，并希望诸君“姑妄听之”，因为这故事里满是人间的真善美，而这正也是“滋兰树蕙”的本义所在。

所谓滋兰，所滋的，是天地之本心；所谓树蕙，所树者，乃人间之正气。

一切老种正格瓣型花，不论它是梅瓣、荷瓣还是水仙，在吐纳幽芳的同时，都在通过其花容及花品传递着这份“本心”和“正气”。譬如本文的主角十圆。

十圆又叫集圆，所谓集圆，即花之外三瓣着根结圆，为正格梅，故得此名。集圆虽叶、花均不甚大，然小草丛生而花姿俏丽，身材不高却相貌堂堂，一盆之巅仿佛有凛凛生气，不容小觑。所以，不论其他名兰如何“城头变幻大王旗”，它却紧随宋梅之后，地位不可撼动。而历来艺兰家，几乎无人不曾养过集圆，无人不曾体味过类似集圆传说那样的经历。

事实上，集圆一花据载乃杭州高氏“世传之种”，“高氏”即兰家高俊甫，但高俊甫的集圆乃是继承其父高道仁。而高道仁得到此草，正是缘于一位云游僧人所赠。

传说必然存在虚构，但传说也必然基于一定的真实。因为从古至今，无数兰蕙铭品的背后，是无数痴心爱兰的人。有人就有故事，有人就有感情，就有人世间关于一株株小草的喜怒哀乐、悲欢离合。

集圆

天心禅月满，谁念落帆亭？
百代浑一梦，无言草色青。

近代弘一法师书『天心月圆』。春兰集圆之发掘者乃一云游老僧，又因其正格梅瓣，花朵圆满，故有此句。
落帆亭，位于嘉兴，传说中集圆一花结缘之所。详见本文。

蘭界諸儂自以汪字為冠 其花守骨力無可匹敵 惟以尺幅小 難然寫出其風神 不易 誠可謂廢君三千者也 鑾節寶育

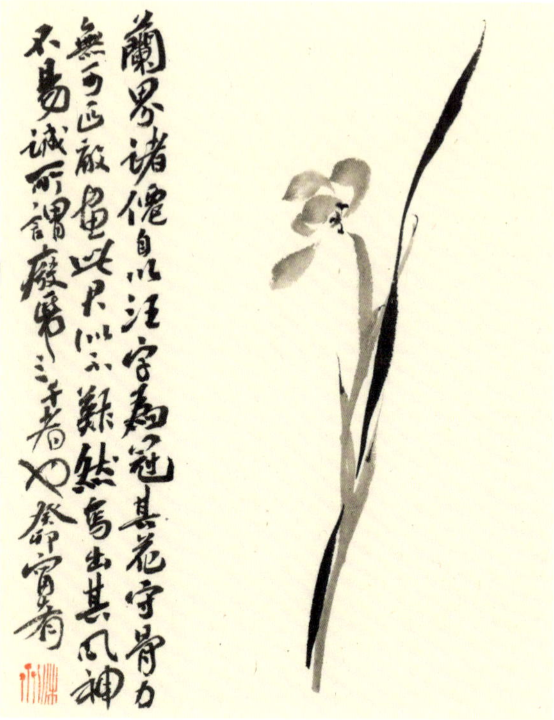

汪

字

汪字

别名：无

门派：水仙

品级：上上品

地位：春兰“四大名花”之一，水仙门元老，位列“老八种”。

历史：康熙年间（1662—1722年），由浙江奉化汪克明选出，便以自己的姓氏命名为“汪字”。为“春兰老八种”中历史最悠久者。

叶材：新芽紫色，叶长25～35厘米，宽0.9厘米。叶长深绿缺乏光泽，叶面有V字形深沟，叶尖尖锐。叶质厚实，叶形直立性强。

花貌：花葶细长，高达15～20厘米；花梗淡紫，苞壳缀有紫筋，给人以透明感。外三瓣长脚圆头，收根，紧边，主瓣稍向前倾，显得彬彬有礼；两侧萼呈拱抱状，为典型的一字肩。花瓣为兜状捧心，乳白色，短而软，圆整光洁。唇瓣为圆舌，舌面红点淡（有时开“白舌”）。花色嫩绿，花品端正，富有筋骨——花期长而耐久，至凋谢仍保持初花神采。

点评：长势旺盛，容易起花，风神朗健，仙气十足。花守特出，为传统春兰铭品中筋骨最佳者。

壬辰新年伊始，畹庐召开迎春兰花雅集，那情景仍历历如新。友人们从四面八方赶来，琴家抱琴助兴，画家挥毫写意，品茗谈天，其乐融融。当时，窗外春寒料峭，室内幽香怡人。

主题自然是兰花。老沈带来一批，加上畹庐数盆，分布于房间各处，大家在每一株兰花前驻足欣赏，流连忘返。来的兰客中，半数都不养兰也不识兰，但当时赢得最高口碑和最多赞誉的花魁却是老种水仙“汪字”！真是出人意表。

雅集上展出的兰花有莲瓣兰滇梅、赵氏梅、朱丝玉荷、白雪、红莲、黄金海岸，春剑香王彩虹、醉簪、新荷瓣，墨兰玉妃以及数盆寒兰和春兰。这些花千姿百态、五彩缤纷，但让我深感意外的是，即便那些“看热闹”的“外行”朋友，也会异口同声地说“汪字”最好——尽管它是那样木讷、低调、沉默寡言。

我实在很惊讶，心底却感慨万千，我想到了孔子的那句话：“德不孤，必有邻。”我在心中暗自向过去的那些艺兰前辈们致敬，他们千辛万苦所选育出的老种是真正可以传世的经典，对得起后代，对得起良心。反观当世，人心浮躁，欲念横流。兰人偶然发现“独门”新品，迫不及待地冠名、参展、吹捧，锣鼓喧天，而当锣鼓声趋于沉寂，再回首，人们发现那么多“新品名兰”都是各领风骚三两年，价格从天到地如乘“过山车”，品质却与那些传统老种根本没法相提并论。

我也真是喜欢汪字——此花被公认为春兰中“筋骨最胜”，花守最佳，这是它“弘毅”的表证。孔子说：

> 士不可以不弘毅，任重而道远。仁以为己任，不亦重乎？死而后已，不亦远乎？

清代许羹梅著《兰蕙同心录》赞汪字之诗曰：“芳种流传二百年，依然名列玉梅先。”汪字为狭水仙瓣型，而能超越众多老种铭品，足见古人之深意所在。日本兰界评“四大天王”，取“万字”代“汪字”，可见日本人于中国文化虽善于学习和发展，且颇有可圈可点处，却惜乎终未得其旨。

观汪字之叶，直指乾坤；赏汪字之花，朗朗风神。这份风骨，如兰如人，从古至今。后世观之者，必将掩卷沉思，有感于斯兰。

汪字

振衣千仞岗，清啸百余年。
鹤骨何言老，春兰第一仙。

左思《咏史》：『振衣千仞岗，濯足万里流。』此句极赞汪字之风神气度。魏晋名士常发清啸以抒怀，此句形容汪字花开一如魏晋风骨。

西神梅

西神梅（外一种：翠一品）

别名：喜晨梅

门派：水仙

品级：上上品

地位：春兰梅形水仙之冠，被誉为“无上神品”。

历史：民国元年（1912 年）出于浙江奉化，由江苏无锡荣文卿选育。

叶材：叶姿婀娜多变，或斜立，或弓垂；叶色油绿富光泽，叶缘锯齿明显，先端渐尖；叶长 20 ~ 25 厘米，宽 0.8 ~ 1 厘米。

花貌：花葶细长，花瓣阔圆，一字肩；花色嫩绿无脉纹，娇艳新鲜；捧瓣起软兜，瓣端乳化；刘海舌，舌中缀一鲜红大圆点。

点评：西神梅为梅仙珍品，其花兼备梅花之骨、水仙之逸，色泽鲜明，光彩照人。此草发芽率低，而开花极易。春兰五朵名花之外，西神可谓独树一帜者。

（一）西神梅

我常说兰花世界一如武侠江湖，兰花种类如武林门派，兰花铭品如天龙八部。宋梅、集圆、龙字、汪字，就好比金庸小说中的“东邪、西毒、南帝、北丐”，然而最厉害的其实是没有名号的

“老顽童”——西神梅就是兰界“老顽童”。

论瓣型，西神梅绝似梅，外瓣圆满阔绰，捧瓣乳化起兜，唇瓣为浑圆放宕的大刘海舌，上缀一记朱红点，平添几分俏皮，如婴孩之天真，妙不可言；看中宫，西神梅又为水仙，因其捧瓣之雄性化程度尚未及梅瓣之标准，然而正合标准水仙瓣的要求，否则就沦为普通的“行花”，可谓“增一分则太长，减一分则太短”，恰到好处；再观整体气韵，花莛孤高超拔，花相端庄雅丽，乱翠丛中点点红，其丰饶之态、飘然之神、怡然之色，确超出诸兰，多有“四大天王”所不及处。

西神梅面世，晚于“四大铭品”和“四大天王”，所以未曾跻身其列。甚至，连稍晚选出的“老八种”中都没有它的名号——这是很奇怪的事情。但实际上，较之这些春兰老种铭品，西神梅皆有过之而无不及。如今，西神梅作为“无上神品”的等级和地位已成兰人心中的共识，堪称“无冕之王”。

然而，这样一株传世珍品，谁能想到，当年竟是“捡”来的。“兰生”亦如人生，好像“天将降大任于是人也”，西神梅自出世起便可谓“兰生”坎坷，命运多舛。

话说清朝末年，江苏无锡城中有一位穷书生，家里一贫如洗，但痴心爱兰。这一天，他拿着妻子给他的家里仅有的余钱去街市买米，刚好碰到一个浙江奉化来的山民挑着一担下山兰在叫卖。这书生赶忙凑上前去，东挑挑、西选选，一晃儿一个时辰过去，买米的事儿早被忘到一边。终于，一株光鲜优美的“型草”深深锁住了书生的目光，简单地讨价还价之后，书生如愿以偿。

当然了，原本买米的钱此刻已经化为一株草。当这酸秀才兴高采烈手捧兰草迈进屋门时，他的妻子早已怒火满腔，上前一步夺下那草，二话不说转身推窗，只一下，便将那物件丢进滚滚长江。

事件原本可能到此结束，一代名兰也险些悄然早夭。但正所谓“吉人自有天相”，或云“应知造化有深意”，偏偏就在妻子一怒抛兰的瞬间，河上驶来一艘柴船，那兰草就这样落到船板上，随着这船儿漂向前方。而前方，正有一位“贵人”等候着它，“无上神品”的传奇从此开始。

荣文卿，无锡著名兰家。说来真巧，这一日，这位荣先生不在家中老老实实莳花，却走到河边溜达，于是遇见了那艘柴船。船上的伙计正忙着上上下下搬运货物，他们根本没注意那株兰草，有的经过时还会踩上一脚。这时分，正在“卖呆”的荣文卿一眼发现船上的“宝”，三步并作两步冲上前去弯腰将之拾起，捧在手心如观“和氏璧”，鉴别片刻之后，马上问船主开价愿意“割爱”否？船主哪里懂兰花，当时被这从天而降的“傻财神”惊住了，一时也不知该出什么价。荣文卿也不啰唆，塞给他一锭纹银转身飘然而去。

经过荣氏精心料理，这身世坎坷的兰草终于在两年后的早春首次开花。此花一出，无锡兰界四下皆惊，其花品之高，尚未得见。无锡古称梁溪，又名西神，荣文卿便以其地为之名曰“西神梅”。

然而故事还没有结束。当荣文卿获知这兰草与那位穷书生的因缘来历后，便专程前去造访。那书生与荣氏攀谈兰花，口若悬河，竟一扫贫寒之色，令荣氏心生感佩。随后，荣文卿把西神梅分给他三筒，两个人也由此义结金兰。

“无上神品”西神梅的传说也许很动听，但不止于“动听”。它所蕴涵和表达的人生意味，才是兰花要告诉我们的：第一，出身低微不足畏，只要有真本事（兰品），是金子总会发光；第二，经历坎坷不足虑，只要一念长存（兰性），定能守得云开见日出；第三，声名煊赫不足道，只要澄怀观道（兰心），人生意义已自在圆满，何必追逐身外浮华？

至于故事里的两位主角，“穷书生”未必真有，荣氏却不容置疑。荣文卿，无锡人，中国近代艺兰大家，许多兰蕙铭品均由其选育培植，如翠萼、荣梅、汪小尚……而荣氏和书生的传说，更多体现的是人们因兰结缘的纯真，正如我的一位兰友说他自己——“兰花教会我做一个好人。”

（二）翠一品

说完西神梅，顺便再说说另一款与之类似的名种：翠一品。

翠一品下山于 1920 年春天，比西神梅晚了大约八年，算是同时代的兰花老种铭品。它的产地据说是在浙江余杭东召山中，最早由王国源选育，后送给吴恩元（二人有亲属关系，同为当时吴家家族浙江财团“杭州九峰阁”成员），吴恩元将之命名为“翠一品”。

笔者之所以在此引入此兰品略加解说，基于三个主要缘由。首先，西神梅与翠一品花品具有相似性。二者外瓣皆翠绿，而花舌上都缀有一块鲜红的大圆点，格外醒目而动人，这让它们看起来像是一对亲姐妹或亲兄弟；其次，翠一品在春兰老种中具有不可替代的独特性。它的外三瓣不像宋梅、西神梅等其他传统瓣型花那般圆整规矩，而是在瓣端呈缺口状微飘，形成皱角，如此一来便显得它的花容俏丽活泼，富有飘逸灵动之感。而这种特性恰好成就了翠一品在老种国兰中独一无二的存在，如今的“百合瓣”瓣型就由此开辟敷衍而来；最后，由此二种比较引发了我对于兰花品鉴的一点深度思考，下面详述。

如果完全以“瓣型说”理论考量所有兰品，恐怕会得出非常机械化的结论。比如，以瓣型的圆整度来看，翠一品显然“不入流”，但一睹实花芳容的兰人们，谁敢说它不好呢？翠一品的“缺陷”恰是其优势所在，正因为有了这份瓣端的“残缺”，才使得它灵巧俏丽，飘逸多姿。相反，老种铭品绿英，其胜在色，其欠在韵。很多人为绿英鸣不平，认为拿瓣型理论考察，其花十分规矩，几无瑕疵，却没能跻身“老八种”。实际上，古代的兰家确是有眼界的，赏兰如赏画，最重在气韵，而气韵实在是难以言说，只可意会的。所谓“瓣型说”，乃至一切理论，只不过是提供一个可以量化的标准，是老子所谓“强为之名”的不得已的选择罢了。绿英固然瓣型无瑕，但气质却逊，因为过分规矩，显得呆头呆脑，难与八种比肩。

反观翠一品，气韵绝佳，与西神梅并举，一如伶俐花旦，一似端庄青衣，风流虽殊，各擅其美，能不爱乎！

西神梅

富贵在天花有命，二泉映月水悠悠。
天娇辗转衡门下，一露仙姿四旦羞。

无锡有惠山泉，号称『天下第二泉』，简称『二泉』，二胡名曲『二泉映月』由此而来。西神梅得名于无锡，曾流离于河水之上，可谓与『水』有密切因缘，故称之。

衡门，贫家之门。出于《诗经·衡门》：『衡门之下，可以栖迟。』西神梅据传最初由一穷书生偶得，被其妻弃之，几经辗转，又复归原主。故称『辗转衡门』。

『四旦』指春兰四大铭品：宋梅、集圆、龙字、汪字。

大富贵

大富贵

别名：郑同荷

门派：荷

品级：上中品

地位：春兰老种荷瓣之冠，荷门代表。

历史：出自浙江富阳，清光绪、宣统间由上海花窖中选出，归湖州郑同梅及杭州吴恩元。

叶材：株形斜垂，宽博雅致；叶色浓绿，富有光泽；叶长 20 ~ 30 厘米，宽 1.5 厘米左右；叶片宽而叶脉细，叶端起兜具承露形，叶面平而带行龙；叶甲短圆紧裹叶柄，新芽紫红色。

花貌：正格荷瓣，花色明绿带黄晕；外瓣短阔肥厚，基部收狭，收根放角，紧边极佳；主瓣上遮，内兜拱抱，平肩或微落肩；蚌壳捧，光洁圆润，捧内有紫红线纹，大刘海舌，舌面具马蹄形 U 字斑，红艳华丽。花苞鼓圆，色紫红，缀深紫麻筋纹，遍布紫沙晕；花梗短粗，高 5 ~ 15 厘米，偶见一莛双花。

点评：大富贵兰如其名，品相雍容，色彩丰泽，花态端正，气质华贵。为春兰大荷瓣花之代表品种。唯外瓣基部常过于收窄，稍欠风度。

“大富贵”又名“郑同荷”，是缘起于其最初培育者湖州兰家郑同梅。说来有趣，名字中带一“梅”字的人却偏偏选出了流芳百代的“荷”，这正是造化因缘、天机难测。

古往今来，荷瓣代表大富贵与梅门领袖宋梅，为所有兰人之首选和必种。这两种名兰，从花品上来说，为万世兰蕙树立了楷模；从气象上来说，宋梅为“禄”，有堂堂之官相，大富贵为“富”，尽显雍容之仪。也许正由于大富贵的富丽堂皇之气，人们才附会了一个关于花主郑同梅的传说。

故事说的是，湖州双林古镇上，有位艺兰名家郑同梅。郑氏乃当地累世之富户，但他不喜出仕，平日里养兰读书，乐善好施。他收养了一个孤儿，视如己出，从小到大教育他为人处世、治学之道，并送之入京赶考。

在孩子离家后的一天夜晚，郑同梅做了个梦，梦见这孩子的亲生父亲向他感恩，并特意叮嘱道：“我知道您一生爱兰，这几日您须留意，倘若遇到一个跛脚的老人，就会遇见您要寻找的传世极品，切记切记。”梦醒后，郑同梅有些感动，心想这辈子总做善事，总是对的，至少心里安生！对于托梦兰花的事，他并未太在意，也许是自己太过于喜爱兰花了吧，所谓日有所思，夜有所梦，哪里会真的有什么传世极品来到眼前呢？想着想着，郑同梅不禁乐了。正此时，家仆来报，说他的一位兰友邀其上门赏兰。郑同梅穿戴好，乐呵呵地出了家门。

去那位兰友家，要经过一条青石巷，郑同梅缓步行走在深巷里，忽然间，只听到一阵叫卖声“兰花喽——”郑氏一转头，巷口进来一个跛脚老汉，肩上挑着一副担，两个箩筐里露出的鲜绿兰草，随着老汉一颠一颠的脚步不停地摆动。郑同梅刹那间忆起了那个梦，连忙叫住卖兰人，低下身去细细辨寻。这时那老汉开口道：“先生，我这些兰草都是刚刚下山，壮实得很。您若愿意，我就半买半送，您整个拿去。”郑同梅心想也是，也不讨价，递给老人几锭银，老汉大喜过望，连声称谢。

兰友家是去不成了，郑同梅回到家中开始闭门选兰。一丛丛、一株株挑下去，终于，一块有近十苗的兰草跃入眼帘：叶甲紫红，叶片阔厚，光绿细糯，尖钝起兜；还带了几个花苞，那花苞更为独特，浑身通紫，遍布红筋，硕大浑圆，闪耀沙晕。郑同梅凭经验和直觉知道，此草非凡，定出极品。余下的兰草，郑氏吩咐仆人皆送与兰友，自己从此开始专心莳养这盆梦中极品。

时间飞快，过了一旬，眼看临近年关，这下山兰的花苞开始绽放，果然不负所望，竟然是标准的荷瓣——色泽莹润，嫩绿而透金黄，紧边饱满，仪态雍容，而那花舌也阔绰，点缀一鲜红的马蹄形斑，更增几分华丽气派。郑同梅喜不自胜，每日里就绕着这“荷”转圈地看，并以自己的名字为此花命名为“郑同荷”。当然，湖州的兰友纷纷闻讯赶来一睹芳容，个个赞不绝口，赏得如痴如醉，每日里郑家府上都挤满了人。

正当大家伙沉醉于郑同荷的芳姿之际，郑府门外忽然人声鼎沸，锣鼓喧天。原来，郑同梅收养的义子中了进士，此刻衣锦荣归！“兰花开出进士来”“双喜临门，大富大贵”，一时间双林镇的人们都在交谈议论着这轰动性的新闻，而兰人们更是依据这个美谈，另给郑同荷起了个称谓“大富贵”。

这当然是一个寄寓着美好希冀和祝愿的传说。事实情况如何，我们也无从知晓。但郑同梅作为此花的原始主人之一，肯定是毫无疑问的。在大富贵的另一位主人，艺兰名家吴恩元所著《兰蕙小史》中，有这样一段记述：

大富贵。团荷，新种。前清光绪己酉年出上海花窖中。三瓣圆短而厚，边极紧，蒲扇捧心，舌大红鲜，花光净绿，外苞衣全紫红色，奇种也。草八、九筒，倪敬之购得只半，归以相赠。余草为双林郑同梅君所得。丁巳春日，余处复一花，因摄影并识其由来云。淳白珍玩。

淳白，乃吴恩元的字。这里写到大富贵最初流传的情形，是由倪敬之、郑同梅分别购得，而倪敬之购来后转赠与吴恩元。但另一部兰著《续兰蕙同心录》则记载：

郑同荷，出上海，初名团荷，双林郑同梅先生以昂价购得，始名郑同荷。民国丁巳年王章友由双林获得一盆，分售与杭州九峰阁主及吾虞严寅庭先生。九峰阁主复名之曰大富贵。

九峰阁是吴恩元（淳白）的斋号，按此载，则大富贵之最早选育者唯郑同梅一人而已，至于吴恩元、严寅庭，以及余姚王叔平等人皆在其后。如果郑同梅是从上海花窖购得大富贵，那么花窖中的大富贵最初又是从何而来的呢？

有人从散佚的《兰蕙小史》原件底稿中发现了关于大富贵最原始的一则信息，吴恩元在花照的一行草稿中写道：

富阳山之唐家坞，都华章掘得售与王长有，得佛番六十元。

由此我们得知大富贵的出世地，正是浙江富阳山区（许多名花都出于此），而都华章则是此兰的挖掘者。王长有，又作王长友，便是前面提到的王章友，是兰史上一位著名的兰贩，与吴恩元本人极熟悉。但这里就出现了很多疑问和矛盾：都华章采得此草后，到底是全数卖给了王长有，还是售给上海花窖呢？如果是前者，就与《续兰蕙同心录》等书所载矛盾，线索应为：

都华章（采掘）—王长有（最早购得）—上海花窖—郑同梅—倪敬之（分购）—吴恩元、严寅庭—王叔平

如果是后者，则线索又变成这样：

都华章（采掘）—上海花窖—郑同梅（最初购得）—倪敬之（分购）—王长有—吴恩元、严寅庭—王叔平

郑同梅，近代著名兰家，著有《莳兰实验》一书。该书较早采用科学方法和理论之于艺兰实践，是我国艺兰史上一部不容忽视的兰著。

大富贵

皆言富贵如浮云，个个追逐云浪里。
梦得此生终还梦，红尘一笑看禅蕊。

拈花觀盈葢 敢看掌中開 誰指丹壚月 幽香灑碧香 寫春蘭翠盖葉咏之 庚子 瓶

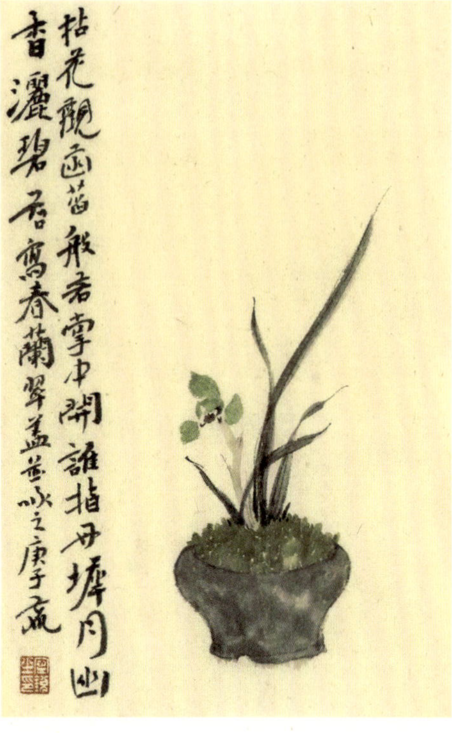

翠　盖

翠盖

别名：盖荷、文荷

门派：荷，矮

品级：上上品

地位：老种矮荷铭品，第一代春兰中株形最小之佳品。

历史：光绪庚子（1900 年）出于浙江绍兴，冯长生得，售与杭州邵芝岩，后邵芝岩又转售与九峰阁阁主吴永卿。

叶材：新芽青紫，叶片青碧，叶姿半立中带有上翘，短矮肥阔，叶梢紧抱叶柄；根基紧细，中前部较阔，顶端稍呈圆形，有调羹形的叶兜，中心叶片前端微向内弯，呈扭曲旋转，颇似绿云；叶长仅 8 ~ 12 厘米，宽 0.6 ~ 0.8 厘米，叶面光滑，略有光泽，叶脉不明显。

花貌：花蕾浑圆紫红，状如豌豆；花为荷瓣，外三瓣滚圆短厚，收根极细，瓣端放角，花色润泽，碧如翡翠；花不甚打开，主瓣覆盖中宫，副瓣向下微抱；磬口式捧心，大圆舌，底色莹白，点缀 U 字形红斑；花莛短小，仅 2 ~ 4 厘米。

点评：翠盖为典型小荷，株形也小，玲珑精雅，最宜把玩。

翠盖，本指用翠鸟的羽毛所修饰的车盖，为帝王之乘舆，故成高级座驾的代称，拿今天的话来讲就是指那些香车豪车。又由于其颜色和形状酷似某些植物，古人便用翠盖来指称那些草木，柳宗元诗“孤松停翠盖，托根临广路”，这是写松；杜衍诗“翠盖佳人临水立，檀粉不匀香汗湿”，这是说荷。

荷叶与翠盖最为相似，于是翠盖在诗文里常专指荷——春兰小荷瓣老种“翠盖”之名渊源于此。现在有人说当年邵芝岩见此花颜色翠绿，可谓“盖世无双”，于是命名为“翠盖”——这样的解释也算一种“盖世太保”的逻辑，倘若认为此花举世无双，难道就叫“翠举”？倘若认为此花天下无双，岂不又成了“翠天”？实际上，是先有“翠盖”之名，后来辗转成俗，词尾加上个“荷”字，就成了“翠盖荷”——其实翠盖便是荷，何必荷上加荷。

翠盖属典型的小型荷瓣，与建兰之金荷相类，虽为标准荷瓣花，但花朵很小，且不甚打开。但由于其株形也矮小，叶长不过十厘米左右，所以花叶相搭反显和谐，独具小巧玲珑的精致美。反观某些粗枝大叶的兰草，哪怕它花品再好，色再鲜妍，跟翠盖相比也不入流，在气质上就差了一大截，判若云泥。所谓“腹有诗书气自华”，翠盖就是这样的文人兰。

此兰最宜置放茶席之上。有花添香，无花赏叶；品茗观兰，其乐无穷。我最初的翠盖是蒙一位兰友所赠，我将之植于朱泥小签筒盆中，高仅寸余，红盏翠叶，立于歙石茶台之上。吃茶毕，随手以冷却茗汁浇之，生机盎然而无病虫之虞。

翠盖

拈花观菡萏，般若掌中开。

谁指丹墀月，幽香洒碧苔。

绿

云

绿云

别名：无

门派：奇，荷

品级：上上品

地位：号称“春兰皇后”，为老种春兰奇花之冠。

历史：同治己巳（1869年）出于浙江杭州五云山，为西溪留下镇陈氏所得，后归邵芝岩。

叶材：株形中矮，叶幅较宽，长约20厘米，宽1厘米左右；叶质厚糯，叶色深绿，富有光泽；叶姿斜立，呈扭曲状，有直皱或横皱，叶梢钝圆。

花貌：花朵硕大，为多瓣荷花形奇花，色泽碧绿，低于叶面；外瓣短圆，收根放角，紧边质厚，常增至4～6片；捧瓣短阔，蚌壳捧，有时也增至2～3片；大刘海舌放宕，浅绿白色，缀U字形红斑。

点评：绿云贵为春兰皇后，在老种当中地位至尊。其花品格奇中有正，正中有奇，韵味妙不可言。实万代珍品也。

孟浩然诗句：“人事有代谢，往来成古今。江山留胜迹，我辈复登临。”当年求学杭州，我与一行数友穿大清谷，跨“十里琅珰”，登五云山，驻足山顶，遥想那些关于一株小草的前尘往事，不由得感慨万千。

这株小草就出自脚下这座天风浩荡的五云山，它便是有“春兰皇后”之称的绿云。绿云在春兰老种中有着至高无上的地位，为所有兰人梦寐以求，时至今日不但风华不减，反而历久弥珍。

经常跟文房四宝打交道的人，没有不知道“邵芝岩笔庄”的，这家百余年的老字号位于杭州中山中路298号；但很少有人了解笔庄的老板邵芝岩本身便是一位艺兰名家，春兰至尊绿云就出自其“粲花室”。

关于邵芝岩如何获得绿云的经过，有很多不同的版本。《兰蕙同心录》里说邵芝岩从留下陈氏那里“以昂价得此”；另一则故事说邵芝岩帮一位寡妇打赢了一场家务官司，那位寡妇帮他采得了绿云；而《兰蕙趣闻》则很“八卦”，说“富商邵芝岩，为留下村的陈氏大娘打赢坟基地官司，并娶了她的女儿，得了‘绿云’”；还有的传说更是绘声绘色，说“绿云”其实是一个姑娘的名字，邵芝岩为了得到她家的下山新品兰花，答应为其父在留下镇购置房产，并迎娶此女为妻。婚后二人恩爱，为纪念这段良缘，邵芝岩便以妻子的名字为这株兰草命名，还将绿云刻绘成图，作为笔庄商标。

经过20世纪50年代的国有化和公私合营，邵芝岩笔庄一度被合并，那幅绘有绿云的浮雕图也早已消失，但从如今邵氏毛笔的标识“芝兰图”中，仍可见当年粲花室主人的旨趣。不管那些八卦和传说是否真实，“绿云”和“邵芝岩”二者密不可分自是不争的事实。

邵芝岩得绿云之后，视若珍宝，而渴求此花的爱兰人也是趋之若鹜。

浙江余姚胡氏一门为养兰世家。当时闻名遐迩的艺兰名手胡志田，为求得绿云，专程骑马奔往杭州拜会邵芝岩，终以1440银圆购得老草一苗半，可惜因种养不得其法而失败。后来其妻黄夫人又以4400银圆间接购来邵芝岩绿云三苗，精心养护，从此世代相传，到胡孝岩（胡志田之子）手上，此草已有逾百苗。

另一位拥有绿云的大户，即江南“兰王”沈渊如。沈渊如乃无锡艺兰大家，著有《兰花》一书。据说，当年朱德总司令来无锡看望沈氏，其警卫员私下对沈渊如讲：“朱总司令喜欢绿云，可否相赠？”沈渊如忍痛割爱，将携至的一老盆壮苗绿云奉上。

曾几何时，身处经济富庶的江南地区的富贵人家、达官显士，延续着明清以来的传统，一方面视兰花为优雅品位、学识修养和身份的象征，一方面更把兰花作为高级的社交媒介和手段，无人不以拥有一盆像绿云这样的珍品名兰而兴奋和自豪。邵氏、胡家、沈氏都曾因爱兰和养兰而受益，以兰会客，借兰造势，凭兰得力，但有时也反受其累。

“文革”期间，国兰被视作“封建毒草”，成为批斗对象。为防不测，胡孝岩将绿云分盆后，或散在乡下托亲朋“寄养”，或藏于自己床下木箱内“偷养”，为使兰花能正常生长，经常趁夜深人静时拿出来浇水“放风”。而沈渊如由于“树大招风”，据说所有计两千余盆珍品兰花被悉数抄家没收，一代“兰王”不久郁郁而终。

“文革”结束，百废待兴，兰花事业也不例外。1978 年初夏，绍兴漓渚花圃创建之际，花圃主事诸水亭四处寻访兰蕙名花老种，费尽心力，百转千回，独有绿云难觅芳踪，直至找到胡孝岩。在胡老家中发现绿云之后，诸水亭欣喜若狂，但他心底清楚地知道，欲得绿云何其难！一来，此草本就极为珍贵；二来，眼下国内恐怕再难寻出几苗；三来，胡老爷子十余年来为守护此兰不知付出了几多艰辛！现如今只有掏出肺腑，以诚相待，恳请援助了。

最后，诸水亭以五苗宋梅、五苗西神梅、三苗郑同荷、两苗翠盖，外加六百多元人民币，换取了绿云小草一苗半。绿云在爱兰人心目中的地位，由此可窥一斑。

若论绿云之可贵，我认为三字即可概括，曰：荷、奇、正。

绿云为荷瓣，已经难得；兼之奇花，每朵花开可达九、十瓣，胜似真荷；最难能可贵处乃在其品格之正，现如今选出的种种奇花，尽管五花八门、琳琅满目、绚丽缤纷，却失“正”道。要么飞扬跋扈，要么妩媚妖娆，要么心乱如麻，要么怒目狰狞，皆不得先人之旨，偏离兰心之意。

春兰皇后，得正中之奇，复得奇中之正，一荷花开，超然物外，所以为千古兰人所共珍。据说，真正原生种的绿云如今早已绝迹。

孟夫子诗云：“人事有代谢，往来成古今。江山留胜迹，我辈复登临。”

绿云

缥缈空山处，云深是旧庐。
只缘君意重，青琐映仙蕖。

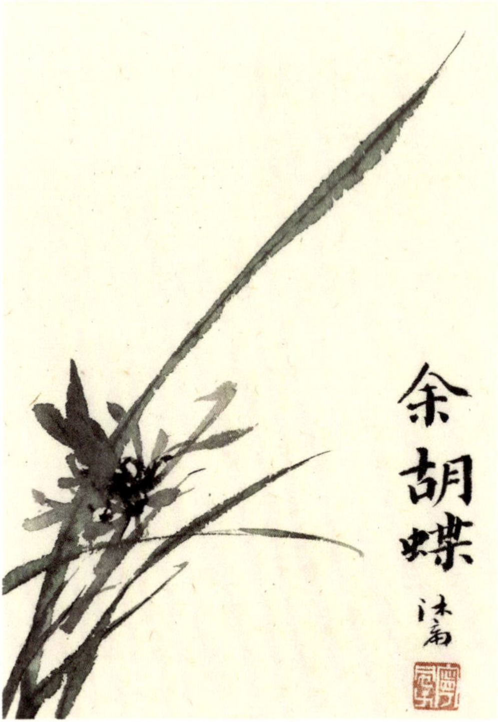

余蝴蝶

余蝴蝶

别名：无

门派：奇，蝶

品级：中上品

地位：为春兰老种奇花之冠，菊瓣花之王。

历史：20 世纪 40 年代下山于浙江兰溪，随即流入日本，在日本开花并命名。80 年代后返销回中国大陆，为兰人所广泛栽培。

叶材：叶姿斜垂，叶长 25 ~ 35 厘米，宽 0.6 ~ 1 厘米，叶脉较平，叶沟较浅，新叶叶缘内卷，老叶叶缘外卷；叶色黄绿，叶缘锯齿细密，叶脉偏离中线，叶质柔软糯润；叶尖如针，叶脚紧收，假球茎圆大，叶片可达七八片以上；新芽白绿转淡绿色，有浅紫纹。

花貌：花莛粗矮，10 ~ 15 厘米，绿色，每莛开花两三朵；花色翠绿夹淡黄，花型硕大，可达 8cm 左右；花开如菊，外轮花瓣增多，呈竹叶状向四周放射；内轮花瓣层叠繁复，无明显捧瓣及合蕊柱，增生无数琐碎细瓣，瓣端雄性化呈淡黄色，花瓣偶有蝶化，时见红斑；有时可开成树形花。

点评：余蝴蝶名为蝶，其实乃奇花类之菊瓣花，为菊瓣国兰之代表品种。不光居老种奇花首座，新品同类型花也罕见匹敌。实属兰人必选之佳品。

余蝴蝶，春兰老种响当当的铭品，兰友们亲切地称之为“老余”，就像对待一位相识多年的故人。汉字的美好尽在文言。“故人”便是“老朋友”，但“故人”多了些许岁月的流痕、沧桑的况味，这感觉“老朋友”三个字却出不来。清代学者孙星衍曾撰有一联：“莫放春秋佳日过，最难风雨故人来。”

“风雨故人来”五字最好。有风雨作陪衬的布景，故人的到来才更觉意味隽永深长。这是一种时空营造的小氛围，弥合了人生情感的细节缝隙。同时，此际之“风雨”和彼时之“佳日”又构成鲜明对比，引人追思。称“老余”为故人，暗合此理。

余蝴蝶当年下山伊始，便为日本人所得，并一直在日本栽培、繁育、流布，直到20世纪80年代才返销回中国，就连“余蝴蝶”这个名字都是日本兰人所起。所以说此草对于我们中国兰人来说，早已“惜放春秋佳日过”了，但不幸中的万幸是，它总算回来了，到头来好歹是个大团圆式的结局，正可谓“最难风雨故人来”。

当年此花流入日本的具体情状虽已不可考，但按图索骥总能知晓个大略。最迟自清代以来，日本兰人即常行走于中国各大兰区，流连于著名兰家及兰贩处，以冀图铭品珍品，抗战时期，这种愿望便似乎变得更为“容易”。那时候，各个兰蕙老种如绿云、宋梅、龙字、万字、庆华梅、关顶等，经常被成批集中打包托运至日本，其中更包括众多彼时初下山的新品，余蝴蝶自然身居其中。

余蝴蝶虽为日本兰界所命名，但还是保留了出处的原始信息。一种说法是，此草为浙江兰溪一位姓余的山民所采得；另一种说法则是台湾兰人董新堂在《蕙兰专集》中所述称“民国四十年左右苏州余氏秘藏种”。不管怎样，余蝴蝶是以选育者的名字命名的，也就是说她随中国人姓“余”。至于“蝴蝶”的称号，现在看来当然不准确。因为余蝴蝶并非“蝶花”，而是“奇花”，具体说来是“菊瓣”花。但这却怪不得日本人，因为他们遵循的是我们前辈兰人的传统，那时候并无“奇门”的界定，更无“菊瓣”之名，顶多有“蝶花”的泛称。如清代兰家朱克柔所著《第一香笔记》中所写：

> 蝶兰、三瓣兰、元宝兰，以及蕙花之有虫形及金色、朱色之类，并可以逸品、异品称之。

像余蝴蝶这样可开出多达百瓣的奇花，自然当以“异品”视之了。恐怕此花怒放之初，连日本人也看得傻了眼，慌了神，以至于忘掉了他们最熟悉不过的菊花，哪怕二者何其相像，也不曾将它们联系到一处。

但若换个角度分析，也由此可见日本民族性格“矛盾”之特点，恰如美国学者本尼迪克特所说的“日本文化的双重性”。一方面，他们求新（拥有中国下山兰花新品）；另一方面，他们刻板而保守——坚决尊奉中国古代兰文化的理论传统，宁愿照搬“蝴蝶”之名，也绝不会擅自为之命名，比如“余菊花”“菊花台”之类。

这一点，就跟当下国人有些不一样。当然，更与善于“创造”的韩国人不同。

余蝴蝶

人生伤往事，小草亦悲秋。

不见春风里，菊开旧年愁？

蕊

鼎

蕊鼎

别名：无

门派：蝶

品级：中上品

地位：蕊蝶新老种代表

历史：1989年出自浙江舟山。1991年复花，在绍兴全国春兰展获得金奖。

叶材：株形秀美，叶片细狭，弯垂飘逸；新芽绿色略染红彩，成株叶色翠绿。叶长30厘米，宽0.6厘米，叶质糯润，叶齿极细。

花貌：外瓣与内瓣各自呈三足鼎立状。外三瓣为竹叶瓣，花色翠绿，主瓣中央偶有红线；内瓣三蕊分明，两捧瓣完全唇瓣化，形成宽阔的三“舌”，一律翻卷；洁白舌面上缀有艳丽的红斑，性状稳定。

点评：蕊鼎为正格三星蕊蝶，气质俊爽而含蓄精雅。为春兰蝶花代表铭品。

顾名思义，兰花之名冠以“鼎”字，当属极品。春兰荷瓣有“环球荷鼎”，莲瓣兰素心有“素冠荷鼎”，蕙兰蝶花有“鼎红蕊蝶”……虽然，这些“鼎”字辈未必全都能名副其实，但大部分还是很有代表性的；至少，春兰蕊蝶老种“蕊鼎”可谓实至名归。

说到蝶花，它在国兰历史上并不被看重。清代流传下来的那么多老种铭品，也只有一个“蕊蝶”勉强以末流的奇花聊备一格。由此可知，古人观兰，最重中正；以瓣型规矩、中宫完美、花守如一为极则，“老八种”“新八种”概莫能外。而今人选兰，舍本逐末、离经叛道，往往标新立异，寻欢猎奇；所以色花、奇花一度备受追捧，甚嚣尘上：色花则色愈浓愈佳，无论其色是恶是俗；奇花则形愈怪愈好，不管其形是丑是妖。

赏兰如赏画，皆以气韵为先。可惜“气韵”是个只可意会不可言传的东西，所以即使是该领域的权威专家，也往往只拿些形而下的技法、刻板的指标和冷冰冰的数据来说话。文化、艺术，乃至一切的人类思想，最高的追求只是一个“道”。道不可言说，正如禅宗不立文字，那些用条条框框说得出的，都不是道。沦落于技和欲的层面去妄论道，如同盲人摸象，长此以往，中国的艺术不死才怪！兰花的赏鉴也是如此。

不是说所有的奇花都是狂怪，也不是说所有的色花都是庸俗。观兰如赏画，贵气不贵形，妙处异曲同工。有些画纯以水墨，貌似高雅实则污浊；有的画浓墨重彩，看似俗气其实大雅。兰花亦然：色花之极品，当是艳而雅，丽而清；奇花之佳种，当是奇而正，异而容。蕊鼎便是如此嘉兰——它是奇门蝶花，却开得周正端庄、英姿飒爽，外瓣挺括、内瓣紧凑，显得神采奕奕、一派庄严；它是标准的三星蝶，内三瓣完全蝶化，却翻卷整齐，中规中矩，洁白的底色点缀精致的深红唇线，恰到好处地点到为止，不浮夸、不张扬、不怪诞；外三瓣萼片深绿，与叶色浑然一体，低调而内敛，一秆一花昂然抖擞于飘飘碧叶间，文人风骨尽显。

数十年来，春兰蝶花层出不穷，铭品不胜枚举：大小元宝、碧瑶、虎蕊、熊猫蕊蝶、海景蕊蝶、大龙胭脂、乌蒙白彩……粉墨登场，各擅其美。当一切尘埃落定，回首处，蕊鼎依旧默默吐芳，悄然伫立——它永远不是最夺目的那一位，却始终以君子般的雅量高致和淡泊风骨赢得爱兰人的热爱。

寫春蘭月佩素。此花乃名種素心之冠。
水墨出之,需寫其澄懷脫俗之者。癸卯
秋仲

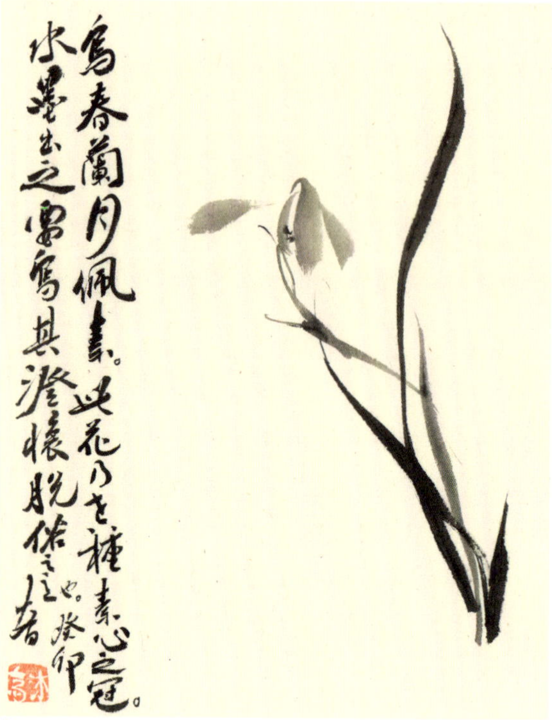

月佩素

月佩素

别名：钮荷素

门派：素

品级：上中品

地位：春兰素心经典，老种荷形素之冠。

历史：清光绪年间浙江湖州兰家钮慎五选出。

叶材：叶姿半垂，边叶呈弓垂状，叶长 20 ~ 25 厘米，宽 0.8 厘米，叶收脚细，叶梢垂，叶色翠绿而有光泽，叶缘有细齿。叶沟浅，但叶形极佳。

花貌：花苞淡绿有绿细麻筋，内苞衣沙晕重，如星点闪烁。外三瓣收根放角，质厚而糯润，肩平，紧边，瓣端呈拱抱状，蚌壳捧紧抱，净白的大圆舌微卷，舌根呈淡绿。花色翠绿无筋纹，绿梗可达 15 厘米，花形气度从容，晶莹剔透，如玉如佩，真可谓“最上品荷素也”。

点评：月佩素为公认的老种荷素之冠，其色、姿、韵、味俱佳，赏之忘尘，诚为珍品。另有新月佩素及桃腮月佩素二种，与此“老月佩素”同传世。

古人爱兰，唯重素心。这里包含两个层面的意思，第一个层面，对于寻常文人士大夫而言，兰既为君子花，本身冰清玉洁，幽香宜人，正与素心一片之君子人格相一致，所以凡兰皆怀素，兰心即素心；第二个层面，对于专业艺兰的兰家来说，“素心兰”乃是一类兰花之特定称谓，即专指花舌纯净一色的兰蕙而言，有别于“彩心兰”。

唐诗宋词、明清小说中常见“素心”，但须知上述二者之别。譬如元代李祁的题画诗：

幽兰既丛茂，荆棘仍不除。
素心自芳洁，怡然与之俱。

这里将幽兰与荆棘并列比对，取孔子《猗兰操》本义，旨在衬托幽兰（君子）品格的高洁芬芳，纵与荆棘（小人）为伍，仍志趣不改，操守怡然，有《论语》所誉颜子“回也不改其乐”之意。显然，此处幽兰之“素心”为泛指，与兰界所谓“素心”兰花毫无关系。

但清代郑板桥这一首就明显不同：

山中觅觅复寻寻，觅得红心与素心。
欲寄一枝嗟道远，露寒香冷到如今。

我们当然不能说郑板桥此诗中的“素心”“红心”就毫无隐喻，兰诗都有抒怀托志之意——但更主要的是，郑诗写出了兰花的品类性状，能抽象而更能具象，至少由这两首诗观之，对于兰花，郑燮比李祁更在行。此处的“素心”显然是兰界所说的“素心兰”，“红心”当为普通的“彩心兰”(并非今日所谓“红素”)。

《幽梦影》写“兰令人幽”。尽管但凡兰花都能“令人幽”，都能寄托“素心”一片，但素心兰从具象之形色，到抽象之精神两方面，同时完美体现了这份境界，所以品第更高。这就是古人崇尚素花的理由。

大概了解了“素心”的情况，我们再来说本文的主角——月佩素。

月佩素，素心兰之经典代表。吴恩元在《兰蕙小史》中称其为“老种最上品荷素”，绝非过誉。此兰花叶俱美，碧叶润泽，纷披如飞，如裾如袂；素花皎洁，翠瓣冰心，如月如珮。更难得的是，其花莛秀颀挺拔，直出叶表，有芝兰玉树之仪、鹤立鸡群之态。赏月佩素，真令人澄心如练，静虑出尘，洗尽铅华，生“我欲乘风归去”之意。

关于此传世珍品的来历，兰书一般记载为“清光绪年间，浙江湖州兰家钮慎五选出，相赠嘉兴许韵琴”——这可绝不是“鲜花赠美人”的故事，因为两人都是“纯爷们儿”。

钮慎五、许韵琴皆晚清著名艺兰家，由于此兰为钮慎五选育，所以又名“钮荷素”。至于许韵琴，即大名鼎鼎的许羹梅。许羹梅在我国兰史上留下一部极为重要的著作，即《兰蕙同心录》。在该书中，许氏对月佩素作了如下的记载：

> 月佩，即钮荷素，出湖州本山。肩平、边紧，在老文团上。此为纽慎五先生赠余，将以宋梅报之。

月佩素具体出自湖州的哪座山？许氏没有说，只评价其花品在另一素心兰铭品“文团素”之上。而对于兰友的慷慨馈赠，许羹梅也“报之以琼瑶”——用梅瓣之王宋梅回报钮氏。正因了老一辈兰人这种互相之间的投桃报李、以礼相待，如宋梅、月佩这些名兰珍品才得以流播愈广、传诸后世。

月佩素

菰城一夜雨，风吹太湖清。
冰鉴花间宿，幽兰素抱明。

湖州又称菰城。
冰鉴，月之别称。

胭脂仙

胭脂仙

别名：胭脂仙子

门派：色

品级：上下品

地位：春兰红色花系新铭品

历史：出自四川雅安

叶材：叶色浓绿，叶长近 40 厘米，宽 1 厘米左右；叶质偏硬朗，斜立形。

花貌：莛高 40 厘米左右，出架或半出架，每莛着花一二朵；花色浅胭脂红，花朵大，阔竹叶瓣，具水仙形，清丽幽香。

点评：作为兼具花色与花守的春兰佳种，胭脂仙颇具观赏性，在色花体系中占有一席之地。

所谓传统，就是在传承中发展，它并非铁板一块，而是在变化中不断巩固和更新的。古人赏兰也有历史流变，明人重色不重形，清人重形不重色，今人似乎力求二者之得兼。

实际上，兼顾形与色的思路，大方向没有错；但是在现实层面的操作过程中，也还是会有问题，因为人类的一切竞赛式的评判行为都必然有误差，主观性和客观性的矛盾无时无处不在。所谓“文无第一，武无第二”，实则“武”也未必真无第二，“文”

也可能真有第一。还是说兰，面对这些兰花你该如何品第：有的花色极佳却毫无瓣型可言；有的瓣型标准却色彩晦暗；有的有点形也有点色，但都远不到位，让人“只爱一点点”；还有的形色俱佳——可以说，这样的兰品，不管“佳”到什么段位和层次，都算难能可贵了。

胭脂仙便属最后一类。作为“有色兰花”的春兰新贵，胭脂仙的花朵呈浅胭色，恰似盛放的春日海棠，娇媚欲滴，清雅明丽。而且，其色彩与其水仙形瓣的花守一样，表现非常优秀，从开放至凋谢都基本不变。若纯以色论，此花当在一、二流之间；其浓度不及莲瓣兰之映山红，更不及女儿红；其明度不及莲瓣兰的素心极品晴雯，呈色略显灰，不够莹润。但它之所以能称作“仙子”，绝非浪得虚名；其整朵花的骨力明显优于莲瓣兰，虽难与汪字、宜春仙等老字辈的“大仙”们相提并论，作为一位小仙女，负责织锦也好，摘蟠桃也好，也自有在天界的一方立足之地。

红双喜

红双喜

别名：无

门派：色

品级：上下品

地位：春兰朱金色花代表品

历史：2000 年前后出自云南东部罗平山区

叶材：叶长 40 厘米左右，宽 1 厘米左右，为春兰与豆瓣兰野外自然杂交品种，具叶关节，显春兰特征。

花貌：多一莛双花，肉质荷形瓣；具转色特性，初开淡黄色，越开越浓，最后变为橘红色；具春兰清香，性状稳定。

点评：春兰中难得的红色花系，香形色兼备，性状优良。

我们常说的国兰七大部类（春兰、蕙兰、建兰、寒兰、墨兰、莲瓣兰和春剑兰），其实远没有涵盖所有的中国兰花资源品种。这七大类兰种因为历史悠久、栽培广泛而尽人皆知，而实际上除此之外，我国还有许多边缘化的小众兰，如豆瓣、送春、秋芝、紫秀等。当代被兰人视为春兰珍品的红双喜，便是春兰与豆瓣兰在野生环境下自然杂交而成的优良串种。

红双喜之名可谓名副其实。此兰一杆双花且花色金红，碧叶橙花洋溢着喜气，花期又正值春节，更渲染了盛大节日的气氛，这份格调在国兰世界里几乎算是独树一帜了。须知主流七大国兰部类中，从古至今，虽名种无数，但正红色的花品却几乎没有。不论春蕙还是建兰、墨兰，所谓红花都是粉红、紫红或胭脂色；唯有豆瓣兰家族却盛产纯正红色的花，比如著名的红河红——这款深红色的兰当年一问世，就引发人们热捧，被誉为“红兰之王”，风头一时无两。然而很快地，这位王者悄然退位，不过几年时间就落得无人问津，红河红不“红”了，是因为它不香。

香气，是兰花的灵魂；没有幽然高洁的王者香，再好的花品也不入流，难登大雅之堂。这就是豆瓣兰长期不为人所重视的根本原因。然而红双喜的出现，彻底扭转了豆瓣兰尴尬的局面，也填补了传统国兰红色品缺失的空白。虽然是豆瓣兰与春兰野外自然杂交的后代，红双喜却更多地保留了春兰的生理特征：花貌、株形、叶片、香味……唯独遗传了豆瓣兰鲜艳的色彩。只能说人家会长，只挑父母的优点来继承，所谓骄子，或谓天选之兰。

蕙兰

大一品

大一品

别名：无

门派：绿，仙

品级：上上品

地位：蕙兰“老八种”之首，荷形水仙之冠。

历史：清代乾嘉年间产于浙江富阳山中，由嘉善人胡少梅选出。

叶材：植株壮阔雄伟，叶姿半垂。叶长 35 ~ 55 厘米，宽 1 ~ 1.5 厘米，叶色翠绿，新叶富有光泽，叶面平展，叶缘锯齿清晰。

花貌：花秆细圆挺拔，高出叶面，即“灯草梗”，淡绿色，每莛着花 8 ~ 12 朵。花形大，直径达 7 厘米。花色净绿微黄，瓣质糯润，外三瓣呈荷形，收根放角，两副瓣为一字肩，软蚕蛾捧，光洁圆整，绿苔大如意舌，上缀淡红点。

点评：大一品被誉为蕙花中最具风姿者，前人所述备矣。盛放之时，花光四射，气宇轩昂，超拔不群之态尽显。真蕙花之百代典范也。

滋兰树蕙，文人雅事。然常人精力有限，如屈原所谓“既滋兰之九畹兮，又树蕙之百亩”，乃文学夸张之辞，故养兰不必面面俱到，种蕙犹无须多。因蕙兰株形多高大、叶片修长，书房客厅，摆设过多则显凌乱放纵。反之，于众兰之间，偶置蕙三两丛，挺拔高举，临风纷披，则平添无限生意，这个道理如同写作之“文似看山不喜平”；也似书法之章法布局，疏密得当间，忽生发一二笔纵横意，超越常规，则可观矣。

蕙兰大一品，百代之精选。树蕙则此君必不可少，推为首座，此君在室，余蕙似皆可无。清乾嘉年间此花一面世，兰界石破天惊。尚未得名，众人便皆以“大一品”呼之。姑苏花会上，富商周怡庭以三千金欲得之，而花主胡少梅不许。

综观此花，灯草梗，大花朵，通身纯绿，艳舌炫目，真似一品大员，冠冕华裳，光彩照人；又如得道真人，高坐山顶，气定神闲。大一品被推为蕙兰“老八种”之首，就缘于其这般气宇轩昂的风度和英姿。若说缺憾，便是花守稍逊，时间一久则薄舌易卷，神气顿减矣。好似显赫重臣，一朝致仕，风光扫地，百无聊赖。

这是个有趣的对比：春兰“老八种”之首宋梅为梅瓣，蕙兰“老八种”首座大一品则为水仙。到底梅瓣和水仙瓣，谁者更重?看似矛盾，但其中自有深意。古人赏兰，早有判断，所谓“春兰赏韵，蕙兰赏势”，大一品确如许羹梅所言“真黄山谷所谓有士大夫气概者也”。

故而蕙兰最重整体上观，大一品以超群气势胜出众蕙；春兰最宜细节处察，宋梅以无上端庄拔乎群芳。

为人处世不亦如此？孔子说“不友不如己者”，又曰“三人行，必有我师焉”。这两句话要互参并用，偏颇一方都不行。“尺有所短，寸有所长”，是取长补短，还是弃短扬长？个中且细思量。

大一品

富春山外白云起，翦翦和风脉脉吹。
一抹朝霞初映日，数枝玉蕾拟成诗。
心圆意满得真诰，气定神闲比大痴。
沧海横流心止处，问君天下几人知？

大一品出于浙江富阳山中。
《真诰》，南朝隐逸高士陶弘景著，为道教经典著作。
元四家黄公望，号大痴。黄公望居富阳，绘有名画《富春山居图》。
儒家经典《大学》：『知止而后有定，定而后能静，静而后能安，安而后能虑，虑而后能得。』

程梅

程梅

别名：程字

门派：赤，梅

品级：上上品

地位：蕙兰“老八种”之一，蕙兰梅瓣领袖，赤蕙之王。

历史：清乾隆年间，由江苏常熟程姓医生选育。

叶材：叶姿半垂，叶幅宽阔，植株雄伟。叶缘微向内裹呈浅V字形，叶缘锯齿粗，叶脉明亮细润。叶质厚糯光泽，叶色深绿。

花貌：花莛粗，俗称“木梗”，红绿混色；花柄紫红色，常着花7～9朵；花瓣短圆阔大，厚糯光洁；花色嫩绿，瓣基晕粉云，端庄俏丽；半硬蚕蛾捧，分头合背；舌型介于如意与龙吞之间，仰而尖，上有紫红点。壮苗开花能五瓣分窠，舌也略放宕。

点评：从微观讲，论萼片之圆满，从宏观讲，论气势之雄伟，程梅均首屈一指，天下无双；然而程梅的缺点和优势同样极度鲜明：中宫未臻完美、转绿赤色未脱及粗拙“木梗”——程梅恰似“治世之能臣，乱世之枭雄”。

程梅之美，美在壮丽。春兰之宋梅，春剑之皇梅，蕙兰之程梅，堪并称三皇，最具王者之尊，余花皆不能及，其中又以程梅声势格局最为浩大。论皇家气象，一派庄严，众兰之中莫过于此。

世间万物，道理相通。倘若拿历史人物作喻，大一品虽号称“老八种”之首，然其姿容风度恰如重臣名相，羽扇纶巾，玉树临风，乃西蜀诸葛孔明；程梅号称“赤蕙之王”，实则蕙兰之主，其仪态气质若真龙天子，紫髯碧眼，方颐大口，诚东吴大帝孙仲谋也。

人也好，花也好，样貌身材是一回事，气质禀赋是另一回事。常听人说某某极有气场，气场这个东西是难以形容的。《世说新语》里记载了魏武帝曹操的一则逸事：

> 魏武将见匈奴使，自以形陋，不足雄远国，使崔季珪代，帝自捉刀立床头。既毕，令间谍问曰：“魏王何如？”匈奴使答曰：“魏王雅望非常，然床头捉刀人，此乃英雄也。”

这就是对“气场”最经典的注解。这个匈奴使也真不一般，他能看出来曹操扮演的卫兵所透出的英雄气和王者相，相形之下，扮演曹操的崔琰纵然“雅望非常”，也不过是“绣花枕头”而已。国家机密被识破，在匈奴面前树立雄威的初衷落空，曹操是何等人，立即派人在途中把这个慧眼如炬的使者灭了。

相由心生。世界有万象，众生有万相。这些万象与万相，皆由一念而起，一念而转，一念而生，终由一念而息。人以为“草木无情，有时飘零”，试问，草木若果真无情，岂能飘零？程梅的相，大一品的相，龙字的相和绿云的相，虽各出天然，必由一草之心而发生。

故曰，养兰即养心。兰道与书法何异？字如其人，兰亦如人。心正则笔正，心不正则兰亦不发。心暗则花晦，心明则花鲜；心邪则花品劣，心直则花品高。人养兰，兰也滋养人心。侠心交友，素心做人。你的言行，兰花在看。

程梅

丘平文脉传千古，兰蕙同心好弟兄。
珍品与人同荦荦，大方无阈自铿铿。
闲分药草出香草，幸得医名并卉名。
华盖九重御四宇，君临天下五湖清。

孔子名丘，屈原名平。二人皆有有关兰文化之典句。

荦荦，鲜明貌。

化用老子《道德经》『大方无隅』句，谓程梅之大气磅礴。

程梅出于一程姓中医之手，故言此。

古代帝王出行，头顶或车顶均张有华丽的伞盖，谓『华盖』，『九重』言华盖之极致；恰程梅每莛着花常九朵，故有一比。末两句赞美程梅君临天下之气概。

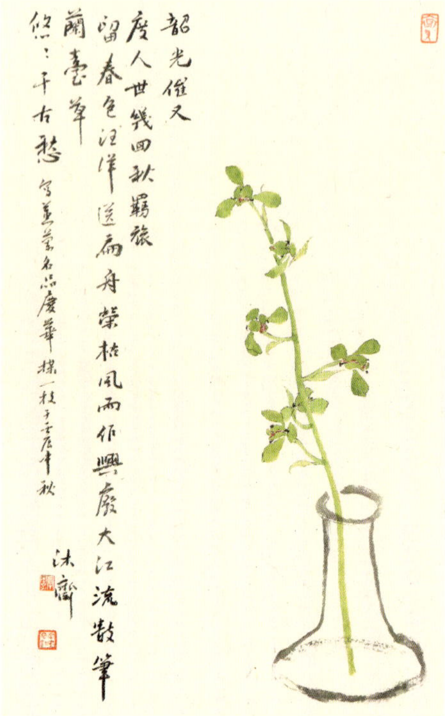

庆华梅

庆华梅

别名：无

门派：绿，梅

品级：上上品

地位：蕙兰“新八种”之一，绿蕙梅瓣传统铭品。

历史：民国元年（1912）春，绍兴人车庆得于华兴旅馆。

叶材：叶姿斜垂，叶质厚，叶面有 V 字形沟，颜色翠绿有光泽。叶长近 50 厘米，宽近 1 厘米。

花貌：灯芯梗，每莛着花 7 ~ 10 朵，梗、柄、花皆翠绿。外三瓣短脚圆头，紧边肉厚，两侧萼呈拱抱状一字肩，主瓣上扬前倾。分窠蚕蛾捧心，唇瓣为大如意舌，舌上红斑鲜明。

点评：花形属于中等，但神清气扬，标致有度，久开不易形，可谓绿蕙梅瓣中的精品。

老种名蕙的身世都有几分传奇：老染字出自染坊，关顶见于酒店，庆华梅得于旅馆，荡字选自船中——这四种刚好归纳为“衣、食、住、行”。

再推演下去：程梅出于医家，蜂巧出于当铺，解佩出于钱庄……由此观之，古往今来那些兰蕙铭品得以传诸后世，花品是前提，除此之外尚需五大要素：一曰身世；二曰故事；三曰资财；

四曰意义；五曰流传。

所谓身世，就是兰花的出身讲求正统，要么出自名山，要么见于名门。倘若没有显赫的出身，就要具有富于传奇色彩的故事，或者称作丰富的阅历，而且这些故事足以动人。所谓资财从两方面而言，一来养兰人非但要有雅兴，更须有余钱，因为铭品珍品价值不菲；二来兰蕙铭品本身的声望起落，就与阿堵物息息相关，雅不离俗。所谓意义，就是兰花的社会价值、文化价值或精神价值，这一点的影响力时常远大于兰花的物质价值（资财）。最后是流传，也就是要传承有序。

回头说庆华梅，对于此蕙，我总有一种特别的情感，我想这份情愫多缘于庆华梅特殊的身世和意义。请看吴恩元所著《兰蕙小史》中对庆华梅的记述：

> 民国元年春，绍人车庆得于华兴旅馆。蕊一枚，草两筒，携至苏、沪，无人过问，回杭草枯。九峰阁以值数十金之老花易植之。六年丁巳春，开花六萼，短脚圆头，紧边，厚肉，分窠蚕蛾兜捧心，大如意舌，细长干，一字肩。不但老种绿蕙无此梅门精品，即较之时下推重之极品，亦当更上一层。

因初由车庆得于华兴旅馆，其时适当民国纪元，故撮合其人其地之名而名之，以志共和之瑞云。

这段文字清晰展现了我在前面讲到的一株铭品的六要素。

“开花六萼，短脚圆头……即较之时下推重之极品，亦当更上一层”，这是说花品。

“民国元年春，绍人车庆得于华兴旅馆”，后归九峰阁（著名兰家吴恩元），这是讲出身。

“蕊一枚，草两筒，携至苏、沪，无人过问，回杭草枯”，车庆携着这两苗庆华梅（带一莛花），辗转江苏、上海却无人问津，回到杭州时草已干枯。这就是兰花的故事性。

“九峰阁以值数十金之老花易植之”，这就是资财，良花终遇明主，不惜千金。

“因初由车庆得于华兴旅馆，其时适当民国纪元，故撮合其人其地之名而名之，以志共和之瑞云”，时值推翻清朝，民国初生，为纪念这重要的历史时刻，吴恩元满怀爱国热忱，取车庆之“庆”字与华兴旅馆之“华”字，为此蕙命名。这就是意义，而且庆华梅的命名兼具了兰花的社会意义、文化价值和精神价值。

最后说流传，关于这一点有必要单列详述。

说来令人痛心，这样一株记载着中华民族之历史命运，寄托着中国兰人美好祝愿的一代名蕙，却并没有在国内流传下来，20世纪30年代末或40年代初，国难既起，该兰也随之流入日本。

但庆华梅的流传脉络是很明晰的。除前面述及的车庆和吴恩元外，据日本兰家小原荣次郎《趣味之友》上的记载，他于1938年4月15日在杭州见到“庆华梅的发现者任永庆氏”。任永庆又是谁？民国兰家冯子才所著的《续兰蕙同心录》给了我们答案，书中提到“庆华梅”是由“杭州木作阿庆卖与华兴旅馆”，车庆“复购之转售与九峰阁”。这样，我们就得到了完整的线索：

任永庆—华兴旅馆—车庆—吴恩元—小原荣次郎

想当年，吴恩元以昂贵老种换此枯草两苗，辛辛苦苦培育五载，直至1917年之春，庆华梅始复花，面对经年枯草首次吐芳，九峰阁主人当是何等心情！庆华梅之花，吴恩元称其胜于“极品”，冯子才也认为“绿蕙新种堪称巨擘”，足见其品之优。如今，众多冠名“庆华梅”之蕙兰不断自海外流回，是真是假已无从分辨，也不必去争辩。

因为这些其实并不重要，重要的是在我们心中，曾经有这样一株兰，它的前世今生注定要与中华民族的命运息息相关——它叫庆华，不论是木匠任永庆的庆，还是绍兴车庆的庆；也不管是华兴旅馆的华，还是中华的华。

庆华梅

韶光催又度，人世几回秋。
羁旅留春色，汪洋送扁舟。
荣枯风雨作，兴废大江流。
数笔兰台草，悠悠千古愁。

庆华梅发现于华兴旅馆，故称羁旅。

庆华梅当年流入日本，远涉东洋。

庆华梅之名，本为纪念推翻清朝，建立民国之志。故见此花有历史沉浮之感叹。

兰台，汉代宫内藏书之处，以御史中丞掌之，后世因称史官为兰台。庆华梅见证了标志性的历史事件，故比作『兰台草』。

关顶

关顶

别名：万和梅

门派：赤，梅

品级：上中品

地位：蕙兰“老八种”之一，赤蕙军中一员大将，俗称“关老爷”。日本更誉其为“别格全盛稀贵品”。

历史：清乾隆年间，出自江苏浒关万和酒肆。

叶材：叶姿半垂，叶质厚硬，叶幅宽阔而长，和程梅一样属大叶形。叶脉粗过程梅，叶色较程梅浅。

花貌：赤梗赤花，花梗高出叶架，达50厘米，着花8～9朵；外三瓣短圆紧边，宽大圆整似程梅；豆壳捧，大圆舌，绿苔舌上缀紫红斑；花色紫暗，不够明丽。

点评：论外瓣圆满，蕙花中首推程梅，继则关顶。唯其花色赤暗，兼之为豆壳捧，且捧心交搭，品级略逊，中国兰界视其在程梅之下。然日本兰界却推之为上座，号称“别格全盛稀贵品”，察关顶之独特气韵，此誉亦不为过，确为蕙兰梅门精品。

拿“关老爷”来称呼关顶，实在再恰当不过了——无论是相貌、身份、气质，还是性格，真可谓实至名归。

三国名将关羽，小说《三国演义》说他是“身长九尺，髯长二尺；面如重枣，唇若涂脂；丹凤眼，卧蚕眉；相貌堂堂，威风凛凛”。反观关顶，先看身材：株形宽博雄壮，叶片爽劲纷披，叶脉粗豪，花莛高拔，顶天立地一赳赳武夫像；再看花貌：花赤如其面色，瓣阔如其面庞，舌缀红斑若唇脂，豆壳捧又差似卧蚕眉。整花赤绿相间，活生生一关老爷之扮相，关顶之号，舍此蕙其谁？

不仅如此，关顶的亮相都与关羽如出一辙。据载，此蕙出于浒关万和酒肆，这个出身就与众不同，极富个性。“水村山郭酒旗风”，一爿酒肆，一株关顶，平添了几分江湖气。而关羽的出场，也在酒馆：

> （刘、张）正饮间，见一大汉，推着一辆车子，到店门首歇了；入店坐下，便唤酒保：“快斟酒来吃，我待赶入城去投军！”

豪杰爱饮酒，酒能壮豪情。然同为粗豪壮阔，关顶与程梅差别巨大。程梅具王者相，皇家气，雍容大度；关顶则锋芒毕露，不拘小节，恰所谓“别格”者。史书《三国志》评关、张待人处世之别：“羽善待卒伍而骄于士大夫，飞爱敬君子而不恤小人。”因为才能出众，所以自视甚高，宽容于下而不屑于上，蕙兰关顶多少也有些这个意思。

蕙兰以气势胜，兼之以瓣型花，所以论丰美壮观，兰花世界里，首推程梅。就瓣型而言，梅门蕙花里，论阔大圆整，唯关顶堪与程梅媲美。然而程梅之花，色泽莹润鲜丽，端庄饱满，粗莛大朵，故而光彩照人；关顶则赤绿浑浊，显得气色晦暗，再加上豆壳捧，捧瓣交叠，微有料峭跋扈之意，不够熨帖自然。但日本兰界却极尽推崇，誉之为“别格全盛稀贵品”，夸张虽过，但“别格”一词殊当。

说起蕙兰的赏鉴，不妨提一提戏剧。把两者作比较，在兰人眼中应该是很自然的事。蕙兰一莛直上，数枚花蕾从排铃、转茎、吐蕊到盛放，整个过程恰如舞台上戏剧演员的“手眼身法步”。那些俯仰生姿、开合有度的蕙花，恰似“生旦净丑”在时缓时急的锣鼓点下的一个亮相、一个动作、一个眼神、一个造型。

作为“红生”的关老爷尤其讲究这些“做工”，而且在戏班里的地位至高无上，正好比日本兰人眼中的关顶。

关顶

万和酒肆今安在？烟笼清波月笼沙。
名蕙而今芳自若，关公依旧傲如些。
英雄岂畏出身贱，君子何愁远志赊？
养晦韬光成异曲，横刀立马壮天涯！

关顶出于万和酒肆，此酒肆早湮没无闻。杜牧有诗：『烟笼寒水月笼沙，夜泊秦淮近酒家。』比兴岁月流转，物是人非。

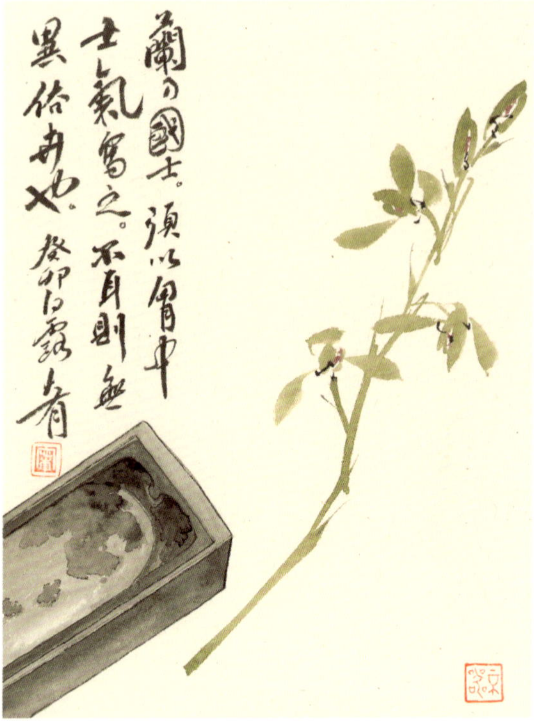

上海梅

上海梅

别名：老上海梅、前上海梅

门派：绿，梅

品级：上中品

地位：蕙兰"老八种"之一，绿蕙珍品，号称蕙花最具风韵者。

历史：清嘉庆初年，由上海李良宾选育，故名。

叶材：叶长 40 ~ 50 厘米，宽 1 厘米左右，叶色翠绿有光泽，叶姿半垂，叶架高，叶片沟槽明显。

花貌：花莛细长，灯芯秆，出架，着花 5 ~ 8 朵。花色翠绿，半硬捧，光洁圆整。外三瓣长脚圆头，紧边质厚，花序疏朗，特显精神。花瓣平肩或飞肩，呼之欲出，风神独绝。其唇瓣为穿腮小如意舌，此为鉴别老上海梅最显著之标志。

点评：上海梅花朵不甚大，然风神气度鲜有堪比。为蕙兰中最具潇洒韵致者，花姿抖擞，如遗世独立之高士，若《世说新语》中的魏晋风流。

清代以降，兰花品鉴始成系统，明人开创的"瓣型说"至此臻于完备，影响至今。然人们对于梅、荷、仙、团等瓣型品第次序，说法不一，终无共识。穷其本，并非兰家学者之误，乃因名物造化之本性使然。

兰之品藻，一如书画。书画艺术虽历百世千载，巨匠名家代不乏人，于画理高下，甚至技法层面，皆不能如几何物理算术之公理等式那般套用。古人纵论“神妙能逸”，观者只在人心。此艺术之所以为艺术也，兰花亦然。

兰有本体，自有形色，此形色从何而知？唯眼而已矣；兰有形色，兼有香味，此香味从何而知？唯鼻而已矣；兰有香味，更有气韵，此气韵从何而知？唯心而已矣！人心难测，心不一也。然则，观者于兰，当叉手无言乎？谬矣。

凡人赏画，虽不懂画理者，也当知画之优劣高下。人身有贵贱，心亦有别，然身心往往不得同步尔。于是樵夫子期可以听琴，将门赵括唯解纸上谈兵；扫地慧能可以得道，神赞本师只如蜂子投窗尔。今朝名校教授如云，博士专家如蚁，多作庸人语、旁门道、野狐禅，是真不可理喻者也。故曰高士在民间。

人心窍清澈通灵，则凡事物一睹即知其关节所在，品花赏画皆如此尔。若汲汲以“瓣型”苛求钻营，争辩得面红耳赤，无异于买椟还珠，乃胶柱鼓瑟、舍本逐末之徒。花、画之气韵大矣哉！终难言传语道也。

上海梅，瓣之圆不及极品、阮字诸梅，瓣之阔甚至未必胜寻常之蕙，尺寸也仅中等偏上而已。然而它与众不同的绝佳气质，恰出于其清癯之态。上海梅瘦，但无寒俭相，空灵飘逸而莹润丰美，所以最有风神，正陆游所谓“癯仙”也。

古人云“书贵瘦硬方通神”，虞、褚、欧、柳诸家可有一比，然与此梅精神最近者，当为山谷道人。黄山谷法书，小字料峭，大字磅礴，总归于坦荡恢宏。其笔画虽多震颤弯曲，却如屈铁，如回旋风，如逆水舟楫，力透纸背。线条虽多瘦狭，若“树梢挂蛇”，却丰美堂皇，有翩翩欲仙之意。

上海梅所以为兰人所共珍，视作蕙中神仙，梅门第一，正在于此蕙之气象，与山谷之书风有异曲同工之妙。黄山谷书，“宋四家”中名列第二，实则魁首也，纵放之于整部中国书法史，出其右者无几，若论书风之大度，无疑为王者。

绿蕙神品上海梅亦当作如是观。

上海梅

风流千载山中草，独秀一枝海上花。
逸兴横飞何必酒，仙姿清骨不须茶。
玲珑心窍容冰魄，如意穿腮过彩霞。
阅尽春光无限美，白云故道好还家。

上海梅花瓣常『飞肩』，神采飘逸，虽是『梅』而有『仙气』。『穿腮如意舌』为上海梅独特标志，愈显此花气韵之空灵。

元
字

元字

别名：南阳梅

门派：赤，梅

品级：上下品

地位：蕙兰“老八种”之一，蕙兰百代之宗，赤蕙巨擘，不世出之珍品。

历史：清道光年间出自江苏浒关。

叶材：叶幅长达 50 厘米，宽约 1.5 厘米，株形雄伟似程梅；叶半垂，中心叶片斜立；叶质厚硬，叶缘锯齿明显且较粗糙，叶脉明晰透亮。

花貌：花莛高挺，达 60 厘米，梗色绿底泛红，花柄淡紫红，常着花 5 ～ 13 朵；花朵间距疏朗，格外精神；花形大，直径可达 7 厘米，外三瓣长圆肩平，紧边肉厚；花色凝绿，微泛粉红；分窠半硬蚕蛾捧，捧端有缺口，捧心圆整光洁，基部现淡红云；执圭舌，舌瓣上缀红斑块，鲜艳丰丽。

点评：元字花大出架，花序疏朗，揖让生姿；花色丰美绝伦，花品端正，中宫完美；花守绝佳，骨力雄强，至老不变；个性鲜明的执圭舌，更显华丽从容，气度庄严。元字无愧“元”字，真首屈一指之无上神品也！

元字之花品举世无双，元字之身世扑朔迷离。

清朝道光年间出了不少名兰，如蕙兰之荡字、阮字、金岙素，春兰之小打梅，春剑之西蜀道光，等等，赤蕙铭品元字为其中的佼佼者。元字的故乡浒关尤其值得一提，浒关是位于江苏苏州老城西北角的一个古镇，全称浒墅关，始建于秦朝，民间有“先有浒墅关，后有苏州城”之说。如今，这个拥有两千余年历史的小镇早已淡出人们的视野，湮没无闻。

但在兰花发展史上，浒关这个小地方却不能被遗忘，蕙兰赤蕙铭品关顶、元字皆出于此。进一步讲，另外一株名蕙“赤蕙之王”程梅，或许也出自浒关——这是一个大胆但并非无据的推测。程梅史载“出常熟程姓医生家”，并未指明其下山地。常熟行政上隶属苏州，位于苏州北部，地理上正与浒关相接。程医生家秘藏的镇宅之宝程梅，谁能保准不是采自盛产赤蕙的邻镇浒关？

而关于元字最大的一则悬案乃是当代兰界争得沸沸扬扬的“南元之辩”，“元”就是元字，“南”是南阳梅。史载南阳梅，为“民国时江苏宜兴顾同荪选出，抗战前流传日本”。也就是说，南阳梅最晚在20世纪30年代已经在大陆失传（或许仍有留存，但无从知晓）。

有关南阳梅之最早记载见于日本的兰著《兰华谱》：

南阳梅：本品为宜兴顾同荪氏所发现的秘藏品名花。

叶姿：中阔的半立叶形。叶长一尺五六寸。叶肉肥厚，堂堂大方之姿。

花容：三瓣圆头，厚肉紧边，合背分头的半硬兜捧心，尖如意舌，为色绿，平肩之名花。

附记：本品似较优胜于程梅。

20世纪90年代初，从日本返销的南阳梅开始涌入国内，兰界对南阳梅的认识也由此开始。但兰人们很快发现，这些“南阳梅”的无花之草难以辨认，有花之草又酷似“元字”。于是，“南元”之争就此展开：一派坚持认为这是两个不同的品种，而另一派则认为二者是一种草，同种而异名。

持“异种说”的根据主要有三：一是花舌有别，史载南阳梅为“尖如意舌”，而元字是“执圭舌”；二是叶形不同，南阳梅据称是“半立叶”，而元字为“半垂，中心叶片斜立”；三是出处不同，南阳梅是民国时宜兴顾同荪发现，元字早在清道光年间即出于浒关。

至于持“同种异名说”的理由很直接：看花。不管书面的记载如何纷繁异样，把所谓“南阳梅”的花跟“元字”同摆放一处，结果就一目了然，毫无悬念！

客观地说，兰界类似的谜案还有很多，大多都属于无解的历史难题。后人认识历史的依据，主要源自史书，因为谁也无法“穿越”。史料的文字记载之外，就是实物最可靠，但实物的命名权仍在于人。所以说实物也好，文字也罢，归根结底都系人为。所以史学之所以成为学问，是因为要动用我们活人的思维去思考、去辨析，去大胆假设，而小心求证，从貌似严谨实则凌乱的“史实”与“文物”中自己去寻得答案。

就实物而言，二者目前看来确系一种。首先，“尖如意舌”与“执圭舌”本就相近，几乎无从分别；而叶片半立还是半垂，这个度也非绝对清晰，何况还有生长环境等植物生态的差异。所以问题的关键还在于历史出处。

揭开谜团的枢纽在于：日本人得到宜兴顾同荪的“秘藏”之宝南阳梅，会不会一开始就是一则“糊涂案”？换句话说，南阳梅的身世极不明朗，本身就是“可疑人物”，这就为后来的“南元之争”预先埋下了伏笔。于是我们发现，不管“异种说”还是“同种说”，兰界两派对于南阳梅之身世及名字的由来始终未曾廓清——这正是此场论争的要害所在。

有人按字面猜测南阳梅出于河南南阳，南阳虽生蕙，但史载并无铭品，所以纯属无稽之谈；有人认为就是出于宜兴，这也不可靠，因为历史流传的宜兴铭品如翠蟾、仙绿、潘绿等，都明确记载在案，南阳梅的拥有者顾同荪据说为宜兴望族，对于这样的名蕙不可能不推崇备至，使之彪炳兰谱。所以，我认为这些猜想是完全错误的。

作为一株传世铭品，南阳梅和元字具有一个共同点，而这个共同点恰恰是致命的——身世不明。南阳梅上文已经备述，元字其实也一样——“道光年间出江苏浒关”，一句话而已，发现者为谁？出自哪座山？流传是否有序？只字未提，不见记载。我们只知道，这“两种”名蕙都先后流入日本（元字 1934 年，南阳梅 1936 年），而日本兰著的记载情况前文已述。需要说明的是，小源荣次郎在《兰华谱》中将南阳梅与元字一并收入——错误由此开端。

现在，让我们再次将目光转向沉默的千年古镇浒关。上文已经提过，浒关建于秦朝，但我们没有提到的是，秦始皇曾经来过这里，并且登上了浒关的最高峰，而对我们来说最关键的信息是，这座山的名字叫作——南阳山。地方史载：

> 浒墅关（浒关）南阳山，为吴地主山，号称“吴之镇”“苏州第二山”，主峰箭阙峰高338.2米，箭阙峰顶有一缺口，相传为秦始皇射箭所形成。

南阳山坐拥浒关，换句话说，在浒关这个小地方，除了南阳山，别无他山。倘若有兰花在这里“落草”，那也只能是出于南阳。

据此，我认为对于“南元之辩”，已到了做出结论的时候：元字，又名南阳梅，因清道光年间出于江苏浒关之南阳山，故得名。赤蕙梅门无上珍品。1934年东渡日本，两年后同种异名于宜兴再次流出。

元字

正大乾元万物始，从间记取太一生。
天风浩荡开原马，真气淋漓破浪鲸。
两蕙同乡谁做主，一花异姓怎言卿？
执圭空谷香朝野，无计浮名重或轻。

《周易·乾卦》：『大哉乾元，万物资始。』

太一，形成天地之元气。

『关顶』和『元字』同为赤蕙，皆出于江苏浒关，可谓『同乡』。日本尊关顶为王，中国誉元字为圣。皆赤蕙之极，难分伯仲。

海内外流传之『元字』与『南阳梅』，本为二种，因年代久远，如今多混为一谈，已难分辨。

元字之唇瓣，为典型之『执圭舌』。圭，古代帝王祭天之礼器，上尖下方。

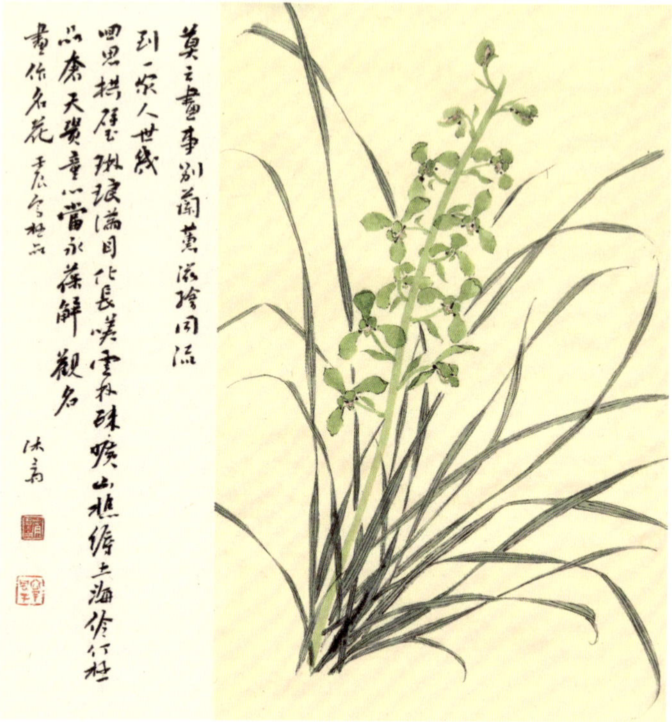

极品

极品

别名：老极品[1]

门派：绿，梅

品级：上下品

地位：蕙兰“新八种”之一，绿蕙梅瓣铭品。

历史：清光绪辛丑年间（1901年）富阳下山，由杭州公诚花园冯长金选出。

叶材：株形劲拔，叶质厚硬，叶姿斜立，叶长40～55厘米，宽1～1.2厘米。从叶柄到中幅略有叶沟，中幅到叶尾逐渐平整，叶脉透亮。

花貌：花苞短阔，花蕾出土即裂开。花莛浅绿色，粗壮挺拔，高40～50厘米，着花8～13朵。花朵近白绿色，外三瓣圆头紧边、瓣肉厚，长脚收根，肩平拱抱。分窠半硬兜捧心，唇瓣为大龙吞舌，舌面红点鲜明，花容端庄。

点评：极品这款花，优点和缺点同样鲜明。单论花型，于蕙兰之中找出瓣型比之更优的佳品恐也不多，不然当时何以被誉为极品？然而其花多而密，一莛之上甚感拥挤，不够疏朗有致，影响了观赏。

---

1 所谓“老极品”是相对于新八种之“江南（新极品）”而言。二花花型相近，而“江南”晚出。

蕙兰中有两个以“极品”命名的花：一个先出，时人以为花品极好，遂以极品称之；一个稍晚出，因花与前者相仿，便唤作江南新极品。后来人们统称二者为老极品和新极品，或者极品和江南。老极品虽“老”，却与江南一样，同归于“蕙兰新八种”之列。

两个极品虽然单朵花相似，整体气韵却大不同：老极品厚重，新极品飘逸。这是由于前者花莛粗壮而花头繁多，后者灯芯秆而花序疏朗。平心而论，我更喜爱江南新极品，因其更具中国艺术简约清淡之美。但在此文中，我将借老极品来“说事儿”。

由极品这款花首先可以推知，这世间人无完人、事无完事绝对是永恒的真理。

凡兰蕙，均以纯素为至美。要不论秆、梗、瓣、舌俱浑一色，或净绿，或纯白，或金黄，不掺杂杂色，使观者也生超尘之想，胸无点埃。至于蕙兰，“新、老八种”历经百余载栽培赏鉴，今日看来这“十六蕙”不尽堪当一流，但其中大多数经得起岁月的考验，从而为古今兰人所共珍。

评价兰之品第，要综合瓣型、株形、花守、花姿、颜色、气味以及整体的神韵，大约可以分出三六九等。单论色，蕙以绿蕙为上，赤蕙为下[1]，仅此而言“极品”便是绿蕙中的极品。它的花梗、花瓣，直至于花秆、苞衣都是净绿色，像碧玉般莹润，透出白光。而且它的瓣型无可指摘，属于典型的“五瓣分窠”，雍容端正，盛开时宛如万朵绿梅，凌空竞放。

然而人们很容易就发现了它的问题——太拥挤！一莛之上着花十数朵，且秆粗花密，摩肩接踵，熙熙攘攘，热闹是热闹了，却浪费了每一单朵花难得的极致。放眼望去，只见如云的一团，真是“乱花渐欲迷人眼”，哪还有心思去细细品味兰蕙所独有的那份清高疏淡的雅致？

这又好比作画。古人作画讲求“知白守黑”，像倪云林的山水，八大的花鸟，以少胜多，才是极品——那大片的空白，正给观者让步，任其想象，力邀其参与到一幅画的再创作之中，好似当代西方学术所谓的“开放的文本”，在每一次无声无息、无影无形的对话中，完成跨越今古的“如切如磋，如琢如磨”。哪像现在人作画，黑压压整张纸涂满了妖雾，好似《西游记》里的妖魔鬼

---

1 蕙花所谓赤绿，并非真正意义上的花色，而是指花苞苞衣花壳而言。所以赤蕙如老染字，开出的花也是绿色，所谓“赤转绿”，且大多数蕙均为绿色，真正的红花不多。

怪不约而至。相由心生，难道这就是当代艺术家的心灵写照？

但话还没说完。评事论人绝不该一棒打死，更不作两面讨好，其实还是那句老话，关键在于气韵。不是说花开得密了就不好，春花烂漫，桃李芳菲，谁能见之而不悦？不是说画画得满了就不佳，“元四家”的王蒙，笔致细密，精工繁复，极尽经营，但画面里的神气呼之欲出，谁能说他那些画格调便不高？

论画必观人，赏花先察骨。人品不高，修养不深，绝难出杰构；花守懈怠，开品乖戾，必不成铭品。以此重看极品，虽有拥堵之不足，乃反成别一样况味。见素抱朴自是一种极致，丰艳繁缛却是另一般风情。以此可知，上苍造化公与不公姑且不论，先已立心其中矣。

极品

莫云画事别兰蕙，滋绘同流到一家。

人世几回思拱璧，琳琅满目化长嗟。

云林疏旷山樵缛，上海伶仃极品奢。

天贵童心当永葆，解观名画作名花。

『画事』即『绘事』，指从事绘画。滋兰树惠即栽种兰蕙，出自屈原《离骚》：『余既滋兰之九畹兮，又树蕙之百亩。』这两句意为绘画和养兰没什么分别，最终都要『同流』到鉴赏的领域。

拱璧，双手环抱的宝玉，比喻无上之珍宝和极品。长嗟，长长的叹息。

云林，倪云林，倪瓒。山樵，黄鹤山樵，王蒙。这两人均是元代绘画大家，与黄公望、吴镇并称『元四家』。倪瓒绘画简约，王蒙画法繁复。

上海，老上海梅；极品，老极品。二者皆为蕙兰『新、老八种』之一。前者花序疏朗，朵数少；后者花朵茂密，数量也多。

童心，出于明代哲学家李贽的名篇《童心说》，指人最初的无污染之本心。

解佩梅

解佩梅

别名：江皋梅

门派：赤，仙

品级：中中品

地位：江湖人称“红簪碧玉”，荷仙精品老种。

历史：民国初年出于上海，由兰人张讲之得，传入无锡，后以靖江为盛。

叶材：叶姿弯垂呈弓形，叶形细狭，叶色深绿有光，叶梢尖长。宽可达 1 厘米，长 50 厘米左右。

花貌：每莛着花 9 ～ 11 朵，花姿劲挺；花莛细长而色翠，花柄细长而紫红；花朵净绿，收根放角，一字肩；白玉捧心，大如意舌。花刚开放时形小，越放越大。

点评：株形及花俱佳，为物美价廉的赤转绿荷仙精品。

蕙兰解佩，又名江皋梅，且不论花品如何，单闻其名已令人神往。据载，此花的选育者为民国时上海人张讲之。张讲之何许人今已不详，但从解佩梅的命名便可以肯定，这是一位潜藏于民间的文人雅士，因为俗人绞尽脑汁也起不出这样的名字。

先说“解佩”。

我们知道，古人的生活比现代人更加细致和考究。因为崇道怀礼，形容举止无不温文尔雅。大到礼仪祭祀，小到衣食住行，皆有礼器或饰物相伴。比如“玉佩”，乃士人随身之物，《礼记·玉藻》云：“古之君子必佩玉。”男子佩玉以明礼自况，女子佩玉以妆显淑容。除玉饰以外，人们还可以佩剑、佩兰、佩宝石、佩香草、佩锦囊，不一而足。

随身携带某种寄托寓意之物，就是“佩”；相应地，解下此随身之物就是“解佩”。

再说“江皋”。

所谓江皋，通俗地说就是江边，江畔。但“江边”就太直白了，江皋这个词让人觉得有诗意，它其实是一个文学意象。说起江皋，首先想到屈原。屈原的名篇《九歌·湘夫人》中写道：“朝驰余马兮江皋，夕济兮西澨。”和屈原有关的关键词，最重要的就是兰草和江水；这位伟大的诗人给后世脑海中留下的，便是一个徘徊在浩渺无际的江岸、佩兰苦吟的悲情形象。在屈原这里，我们看到，“佩兰”和“江皋”出现了第一次结合。

张讲之在为一株兰花命名的时候，未必想的是屈原。但屈原及其作品早已融入中国文人的潜意识，或者说它是一种先验的存在，潜移默化在人们的心灵深处，并随时会被唤醒。而直接引发张讲之灵感的，应该是“江妃二女”的传说：

江妃二女者，不知何所人也。出游于江汉之湄，逢郑交甫。（交甫）见而悦之，不知其神人也。谓仆曰：“我欲下请其佩。”……（二女）遂手解佩与交甫。交甫悦，受而怀之中当心，趋去数十步，视佩，空怀无佩。顾二女，忽然不见。（《列仙传》）

这则故事奇幻、飘渺而浪漫，而结局的惆怅，让人感到一种虚无。据称，《诗经·汉广》写诗人思慕江岸游女，就与这个传说有关。此外《诗经·关雎》也有类似的情境，“所谓伊人，在水之湄”，江“湄”也就是江皋。郑交甫在“江汉之湄”偶遇江妃二女，与《诗经》和屈原《九歌·湘夫人》之场景极为相似——同样是在江边，同样是“仙女”，但多了一个“请佩”和“解佩”的事件。至于唐代诗人杨慎的《咏兰》词：“香携满袖，似相逢解佩，江仙散尘缘。”更是直接点化了“江妃二女”的逸事，使之与兰花产生直接的关联。

《诗经》《楚辞》《唐诗》《列仙传》的故事——所有这些意象共同结成了一张美妙的意境之网，让张讲之沉醉其中，共同促成了一株蕙兰的命名。

此花当今兰界归之为梅瓣，主要依据其中宫之蚕蛾捧和如意舌。历来唯有冯子才之《续兰蕙同心录》将其列入荷形水仙，理由在于其外瓣之收根放角及瓣尖出锋。应该说两种意见都有一定的道理，但也都偏颇和片面。

其实兰花生于自然，原本就千姿百态，其中很多品种的特质恰在于某些人为分类的边界线上，不应该硬拿人为加工的理论去套牢天造地设的兰草。

解佩梅便是站在边界线上的一位。然察其大略，其花貌风神皆似建兰之老种荷仙、春兰之西子，故我以“荷仙”视之。得失短长，留待方家斧正。

解佩梅

离骚声里闻沧浪，花叶丛间觅古音。
海上幽兰多逸态，江边名蕙有清心。
红簪碧玉知人意，游女仙妃吟子衿。
沧海桑田今又是，一莛花放夜沉沉。

海上，指上海地区，如画坛有号称『海上画派』。上海所出兰蕙，其花姿多飘逸，如上海梅、解佩梅等。《诗经·子衿》有『青青子衿，悠悠我心』，又『青青子佩，悠悠我思』。衿，衣领；佩，佩玉的丝带。皆为古代服饰。

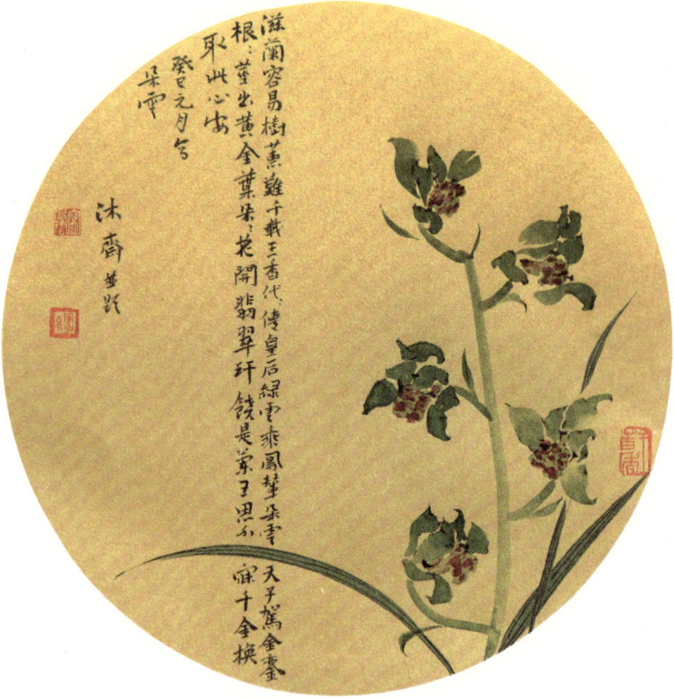

朵 云

朵云

别名：无

门派：绿，百合

品级：上上品

地位：蕙兰梅门支派波形百合门老种，无上珍品。

历史：民国时由无锡兰艺名家蒋东孚选出，后归“兰王”沈渊如。

叶材：叶姿斜立，叶色浅绿。叶长约 40 厘米，宽近 1 厘米。

花貌：花莛中高，花柄短小，每莛着花八九朵。五瓣呈波状，捧瓣圆阔犹似猫耳状向上翻皱着生，每片捧瓣内向中心处有一细圆淡黄色突出痕，周围有黄、白、绿晕色，大刘海舌。为别具风格的极珍稀之瓣型范式。

点评：物以稀为贵。朵云以其独树一帜的奇特瓣型，散发着神秘而恒久的魅力，在我国兰蕙史上占有独到的一席之地。

春兰绿云，蕙兰朵云，好比绝代双骄、兰蕙双璧。自两花问世始，即为兰界所共珍，奉为无上极品。而“两云”之中，又尤以朵云为贵，其花可谓朵朵珠玑，其叶号称片片黄金。

朵云、绿云都可以“奇花”视之，若初见之，无不觉其异，然而又绝非一般意义上的“奇花”，因为它们的共同点都是似奇非奇，奇中有正，正而生奇。虽然如此，“二云”之“奇”却判然有别，差异显著。绿云为正格荷瓣，只不过花萼及瓣数目增多；朵云却是花萼及瓣数目不变，与普通兰花没什么两样，奇就奇在花瓣的形态，褶皱翻折，如云涛波浪，千变万化，妙不可言。

朵云可以归入“百合瓣”门派，但在“百合”当中，它也算特立独出的。大多数百合瓣型花只不过外瓣向外反卷呈飘状，捧瓣多为猫耳捧或也如外瓣那般飘卷，其他则无甚特别。朵云超出寻常型花就在于它的视觉层次感极为丰富，不但形状难以规矩琢磨，连颜色和质感也是肉眼难测，因为其花心周围有着像月晕一般迷人的色泽，乳状微凸，黄、白、绿色渲染其间，加上大刘海舌的鲜红斑斓，使整枝蕙花富丽堂皇，倾国倾城，如金銮殿上端坐的皇后，极具母仪天下之正大而明艳的气象。

当年，此蕙被无锡艺兰名家蒋东孚万般珍爱，视作镇园之宝，为其独有，不曾向外分出寸许半苗。沈渊如艳羡久之，未敢请其割爱。蒋氏病逝后，沈渊如乃重金相求，几经努力，费尽心血始得之，总算如愿以偿。自朵云面世至今，长相酷似朵云的新花名种不断陆续下山，如金朵云、新朵云、荆溪彩云、严州彩云等，可以说这些新铭品各具特色，进一步丰富了波状百合瓣型花的品种和内容，但朵云的地位无可替代，在众多兰友心目中，老朵云至尊的地位丝毫不曾动摇。

如果借用媒体的话语，当世有一些所谓“天价兰花”的话，老朵云便当属货真价实的其中之一。有众多的新兰种，其价远超黄金珠宝，胜于豪宅香车，更高过朵云，但老种价值的稳定性却是前者无法比拟的。兰之所以超出任何名花之上，远非其他“凡卉”能望其项背，一方面是由于其独具魅力的内在美，另一方面缘于它历史悠久的文化体系，除此之外，它还形成了稳定的市场、具有自身的经济价值和规律。

朵云

滋兰容易树蕙难，千载王香代代抟。
皇后绿云乘凤辇，朵云天子驾金銮。
根根茎出黄金叶，朵朵花开翡翠玕。
饶是兰王思不寐，千金换取此心安。

『兰王』指艺兰名家沈渊如（1905—1979）。曾以重金得无锡兰家蒋东孚之朵云。

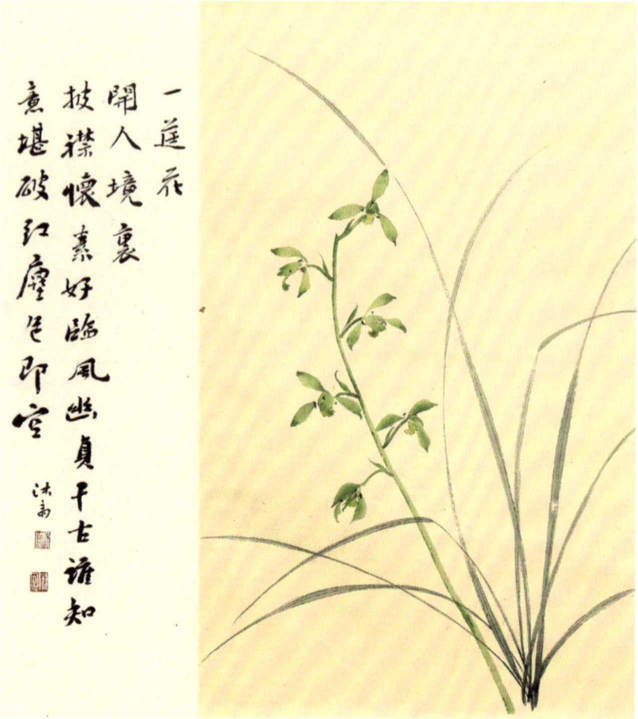

金岙素

金岙素

别名：泰素、泰号、金素、金奥素

门派：绿，素

品级：上下品

地位：蕙兰老种素心魁首

历史：清道光时出自余姚金岙山中，为褚神元所得，转与泰号酒店。

叶材：叶姿直立，叶片细狭，叶尖尖锐，叶色翠绿，风姿俊俏。

花貌：莛、柄、花、舌皆为净绿一色，花莛高 50 ~ 60 厘米，灯芯秆，着花 6 ~ 12 朵；花色翠绿，荷形竹叶瓣，收根放角，平肩；蚌壳捧，捧瓣不开“天窗”；大卷舌，舌面绿苔闪烁荧光。

点评：金岙素全花素心一片，花瓣较阔，大方清雅，光彩照人。确为传统蕙素之精品。

世人常说空谷幽兰，说得多了以致成俗。俗归俗，若形容山中兰蕙之美，还得用它。虽然此句适用于所有兰花，却唯有素心最为恰切；而素心兰之中，又以蕙素和寒素更与此语相合。寒兰瘦削孤冷，蕙花豪迈壮阔。置身空谷，傲然怒放，幽怀深致，以君子气度独立天地之间，则首推蕙素。

说到蕙素，首选便是此君——金岙素，老种素心蕙花之冠。

因其花瓣较宽近荷形，灯芯秆的花莛一枝独秀，上着素花八九枚，通体纯碧，细叶刚劲披离，有解衣磅礴、披襟临风之态，恰似《世说新语》中那些风流俊士，令赏之者也气朗神清，遐思天外。

素心和彩心，说差别，其实无非就是花舌上有没有那些红点，但就是那几个红点影响了全局。戏曲故事里，明妃若不是因为开罪了画师毛延寿，画像无端被点了痣，岂落得远嫁番邦的结局？然而脸上有痣并不一定就是坏事，关键在于那痣长在哪里，若是美人痣，任由它朱砂一点，漆珠一颗，都只不过平添风情无限，益助其美。西神梅妙就妙在舌心上那画龙点睛的一记嫣红。但普通彩心兰，就好比麻子脸，形态若又不佳便无足观了。

对于素心兰而言，就全无此虑。古时倾国倾城的美人素面朝天，金岙素这样不着脂粉的素心兰亦是如此自信。

金岙素

一莛花开人境里，披襟怀素好临风。

幽贞千古谁知意，堪破红尘色即空。

建兰

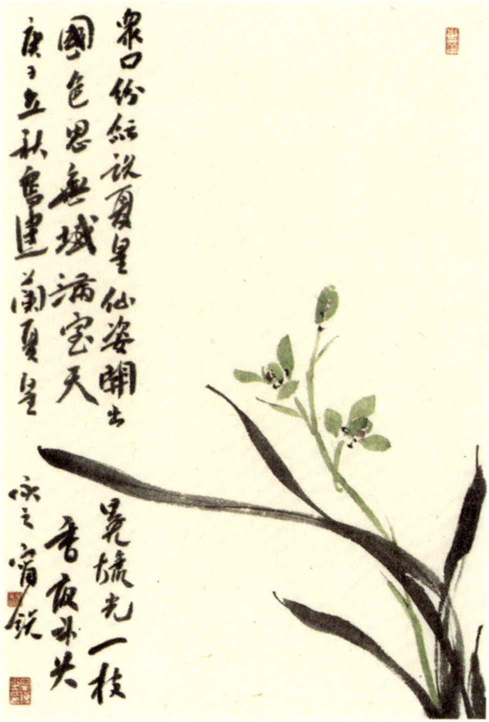

夏皇

夏皇

别名：夏皇梅、夏黄梅、夏荷梅

门派：梅瓣

品级：上中品

地位：建兰梅瓣之王，建兰八铭品之首

历史：产于四川郫县

叶材：叶姿优美，为长鱼肚形，叶片厚实，叶尾稍钝，叶面略显波浪纹。

花貌：严格说来属梅形水仙瓣，花为嫩黄绿色具光泽，外形紧凑优雅。每莛着花三五朵，排序疏朗；内瓣两捧软兜，龙吞舌；外瓣基部狭，向前渐阔，前端收狭且紧边，尖端成对折状，中线部分外凸。

点评：夏皇在建兰瓣型花中可谓冠绝。唯花型差小，稍觉可惜，然而那份优雅精妙不可言说。

兰面如人面，亦分耐看不耐看。同为美人，有乍看颇美者，稍久乃寡味；有初看未觉甚美，日久观之乃渐觉其美；再有一种，初见即觉其美，反复久之，益叹其美，此之谓真美。

建兰夏皇便是真美人。其花介于梅仙之间，容颜丰美，光洁剔透，神完气足，无愧王者。然而，谁能想到夏皇的得名，最初竟是来自一场误会。此花于20世纪80年代初便已下山，然而一直没有广泛流传，仅限四川郫县本地兰友“内部交流”，连名字都很随意——夏荷梅，意思就是瓣型既像荷又像梅——这根本算不上正经的名号，就跟过去农村穷人家的娃随便叫个铁牛、狗剩之类差不多。到了90年代，夏皇逐渐为几个艺兰名家所获，其中成都的黄兴明取“夏季开花，色泽鲜黄”之意，将其命名为夏黄梅——说实话，这个名字也不比之前的好到哪里去。可是凡事自有天意：由于黄氏当时拥有一个炙手可热的春剑品种皇梅，而“皇”与“黄”同音，在口口相传中，“夏黄梅”被大家以讹传讹成了“夏皇梅”——意即夏兰（建兰）中的皇梅。此名虽因误传而生，但因文雅又响亮，也更加契合此兰的风度，遂成世人公认。

不论是花草物件，还是人，甚至神佛，俗世之见都讲究出身。比如名物讲传承有序，画家称师出名门，金仙菩萨须有名山道场，商贾政客自称古代某某圣贤之第几世孙……兰花也不例外。夏皇声名鹊起之后，很多人都声称它出自四川某某名山，但是却都拿不出令人信服的证据。然而，出于名山也好，出于野岭也罢，关夏皇何事？幽兰的仙姿只为天地而生，清芬只为自己而放；英雄不问出处，何须与外人道！

更何况，它冠冕堂皇的气度和雅致超群的风采就在那里，任何毁誉不能使之增减，更不能令其生灭。观其花，色润，质嫩，形俏，韵高；论这份高贵气质，夏皇几乎独步，虽时下新品辈出，罕有匹敌。其花还有一特点，便是花型精致紧凑，萼片翕张有度，似含而不发，欲言又止，花朵每呈磬口状。于是有人诟病其缺憾亦在于此：花不甚开，失之拘谨。然而此恰是夏皇佳绝处——《诗》云：“如临深渊，如履薄冰。”此谓君子仁心，克己复礼，慎言谨行，中庸之道。嘉兰品格，正由此出。

夏皇

暖风熏夏草，磬口摄冰魂。
吐蕊生尘袜，涵芬出剑门。

建蘭
君荷。以蘭葉厚潤，花似荷豐綽，乃以柔筆出之。方得其敦厚縱橫之意也。庚子立秋戲作

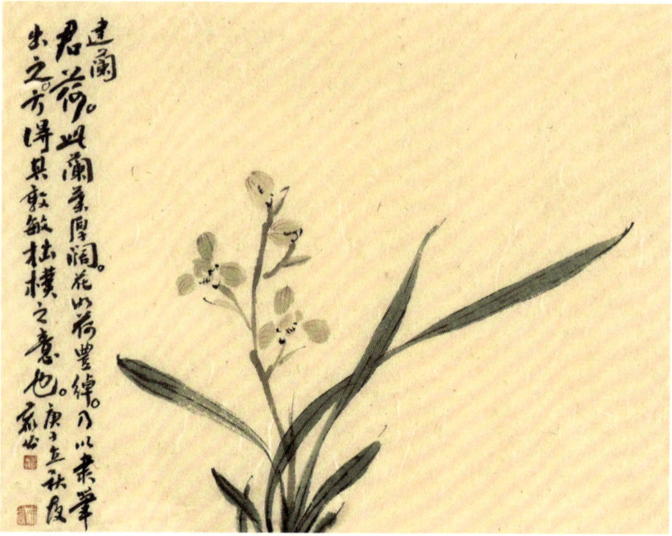

君
荷

君荷

别名：吴荷瓣

门派：荷瓣

品级：上上品

地位：建兰十大名花之一，荷门精神领袖。

历史：20 世纪 90 年代初下山于四川乐山与雅安交界处之老峨山。

叶材：叶幅宽大，宽 2 ~ 3 厘米，质厚起皮。叶面有波浪纹，起伏不平，伴有行龙。叶尾钝圆，色泽浓绿。

花貌：花莛高挺，拔出叶面，20 ~ 40 厘米，每莛着花 2 ~ 7 朵。花形大，为标准荷瓣，嫩绿中嵌红线，圆舌下伸，舌斑颜色鲜艳。

点评：论瓣型、论色彩、论神韵，毫无疑问，君荷都堪称建兰传世之经典，其独特气质，没有谁可以替代。

君荷可谓兰如其名，其花品端庄，株形雅静，如谦谦君子，玉树临风。依我看来，如果在建兰家族中挑选一位代表，应该非此君不可。

有人会觉此言太过。毕竟，从泱泱大国的建兰谱系里面挑选出几株傲世名花，绝非难事，不论是瓣型花、素心花，还是奇花、蝶花，乃至色花，建兰大国可谓人才济济。客观地讲，君荷在其中并不能拔得头筹。但君荷的王者地位始终不曾动摇。这就好比当年汉高祖刘邦留下的那段名言：

> 运筹帷幄之中，决胜千里之外，吾不如子房；镇国家，抚百姓，给饷馈，不绝粮道，吾不如萧何；连百万之众，战必胜，攻必取，吾不如韩信。三者皆人杰，吾能用之，此吾所以取天下者也。

君荷就是一株具王者之气的建兰铭品，君荷之“君”是君子之君，也是君主之君。作为荷瓣花，论瓣型，收根放角之势，紧边圆整之度，它不如金荷[1]；论颜色，丰艳富丽之彩，炫目鲜明之感，它不如客家妹[2]；论韵味，收放自如之姿，飘逸俊俏之态，它不如荷王[3]。但君荷格局最大，气势撼人。它大气，却偏偏显得从容淡泊；它沉稳，却透露出恰到好处的娇媚；它雅致，却又表现得素朴古拙。

---

1 金荷，建兰矮种荷瓣花，瓣型标准，但花型极小。

2 客家妹，一种胭脂色的瓣型花，瓣型近荷仙。

3 荷王，建兰早期四大铭品之一，荷仙瓣代表铭品。

更重要的是，君荷胜在“稳”字。建兰培育历史虽然悠久，但存在明显的断层。有清至民国以降，兰人的关注点在于春兰和蕙兰，所以建兰几乎不曾留下传统老种铭品，尽管其栽植历史最迟也可上溯至明朝。新中国成立后，到20世纪70年代后期兰界始复兴，君荷的出世正逢其时，其兰品则堪称前无古人。

自君荷下山的90年代初至今虽然不过二三十年光景，建兰王国却不断经历铭品翻新、优胜劣汰的巨变，相对而言的“老字号”铭品中，大概唯有君荷地位最为稳固。其他不论梅门、仙门、蝶派、奇门、色界，种种“花魁”都是你方唱罢我登场，各领风骚三五年，至今尚选不出一位本门派的当家人。唯有荷门，君荷始终是毋庸置疑的“领袖”。其中的缘由，一方面固然是因荷瓣难求、“不世出”之特性；另一方面，正是缘于君荷一花自身花品之优秀。

君荷据说最早由四川雅安一位姓吴的兰人于老峨山一带偶然采得，当时并未见花，但观其叶之阔钝，即知必出“荷”。待到1993年前后，此花在吴氏手中首次绽放，荷瓣大朵，一枝独秀，气宇轩昂。如此连开数载，开品稳定，可奇怪的是却一直未能引起当地兰人重视。话说邛崃的一位兰家叫作陈泽君，他在一次偶然机会里逢着此花，遂一见如故，归思难忘。于是往返于邛崃、雅安两地数回，不断商量，终于分几次从吴氏那里购得此兰苗多半，从此精心培育。1999年，陈泽君携之赴昆明参加“世界园艺博览会”，此花一出，力压群芳，轻取金奖，一鸣惊人。遂取陈泽君之“君”字，有了“君荷”之名——这便是佛家所说的因缘，因缘未到，对面不识；因缘已至，千里相遇；因缘注定，以君名君。

《礼记》曰：“温柔敦厚，《诗》教也。”君荷兰品，敦厚二字足以当之。君荷之君，是君王之君，也是君子之君。不必看花，只看其叶，便迥别于所有建兰。花敦厚，叶也敦厚，花叶相配依然敦厚。说到这，让我想到了君子兰，君子兰并非兰，而属石蒜科；其叶比君荷更加宽阔硕大，然蠢笨粗鄙，气质庸俗不堪，不可同日而语也，枉费君子之名。君荷之拙，乃敦厚朴拙；君子兰之拙，只是笨拙尔。

君荷栽培，宜选阔口盆盎，如此方与其钝圆质朴之叶、润绰丰美之花相衬。如渊博君子，静坐读书，逍遥乎学海泛舟；又如一代明主，端坐龙椅而君临天下。君荷画法，其叶片虽宽阔，叶尖藏锋，亦必须如其他兰叶那般一笔写出，须用隶法，如此始见其朴拙健朗之精神。

君荷

老峨山下玉芽肥，净土莲开半掩扉。
独立西风听暮雨，从容淡泊乃知几。

净土、莲花，皆佛教相关语。君荷为荷花瓣，又其捧瓣合拢而微翕张，似半掩窗扉，故以此喻之。
西风，秋风。君荷盛开，时在夏秋。
从容淡泊，君荷花之气度也；几，细微，征兆，玄机也。

含玉

含玉（外一种：荷王）

别名：无

门派：水仙

品级：上下品

地位：建兰大荷形水仙新铭品

历史：2003 年贵州下山（其他荷仙出于川、粤等地）

叶材：株形潇洒，叶质厚糯，叶色浓绿富光泽。成苗叶长 30 ~ 40 厘米，宽约 1.5 厘米。

花貌：花型硕大，花朵外三瓣长脚圆头紧边，主瓣下盖，副瓣拱抱，深兜软捧，中宫端正。花色如和田羊脂玉。

点评：花容大气淡泊，气质清雅高洁。花叶相搭，迎风飘举；仙姿绰约，宛如璧人。

（一）含玉

兰花世界一如江湖，建兰之瓣型花以梅门和水仙门最盛，可谓人才济济；水仙一门之中，以荷仙最特出，高手如云。所谓荷仙，即荷花形水仙瓣。其花形态介于仙与荷之间，花萼阔绰似荷，而加以纵逸；捧瓣似梅，而雄性化未足，故归水仙。

建兰梅门诸铭品，都嫌花型差小，气魄不足，且瓣质感稍偏薄，较之春兰、蕙兰之梅瓣花略逊三分。唯独荷仙，花型较大，轮廓清朗，一葶数朵，扶摇叶上，大有抗衡传统春蕙之势。且以株形论，春兰普遍矮小，蕙兰又过于粗大，建兰在二者之间；再以花期言，建兰盛放于炎夏及冷秋，这段时节，唯有建兰之仙瓣抖擞怒放，正填补了花季的空白。

含玉，荷仙派新品，花如其名，仙风道骨，清气袭人。置一盆于户牖之下，幽香阵阵，清风拂面，令人神驰。含玉之花，显出一种冷色调，这就更增添了几分泠然仙气。此外，其瓣型合法度却不拘谨，空灵而不轻飘，端庄而不板滞。盛放之际，花、柄、秆一色青翠，仪态绰约，昂然超迈，如玉树临风，有朗朗风神。可谓建兰荷仙派之领袖，如武林一派之主，纵放诸四海，整个兰花江湖中也堪称“兰杰”。

建兰荷仙派佳种甚多：荷王、娥皇、四季集圆、泸州荷仙、宜宾荷仙、老种荷仙、容州荷仙、仙山荷仙、东坡荷仙、峨眉荷仙、蒲江荷仙等。细加分辨，貌似雷同的诸荷仙，其实各有特色。宜宾荷仙敦厚，泸州荷仙巧逸，东坡荷仙朗润，仙山荷仙清艳，容州荷仙则华美……特别一提老种荷仙，此花与含玉极相似，花品似在伯仲之间。不过老种荷仙副瓣微落肩，不如含玉精神；且花色不如含玉透润，气韵也自落了一层。

含玉

儒心兼道骨，泠然出仙山。
花放黄庭景，香颐遁世闲。

水仙瓣花之韵有『仙气』，故称『道骨』；其中宫圆润中和，示儒家中庸之道，故称『儒心』。

《黄庭经》为道家经典，论养生修仙之道。黄庭之景意指道家修炼时所现之景象。此喻『荷仙』花之独特气象。

儒家典籍《易经》有『不成乎名，遁世无闷』之语，又《中庸》云：『遁世不见知而不悔。』建兰荷仙诸花，不似梅、荷门下名花之声名显赫，故以『遁世』喻之。全诗咏赞荷仙诸花兼容儒、道二教之形、神、义。

荷王

（二）荷王

说起含玉，就不能不说说比它资格更老的经典名种：荷王。

作为早期建兰响当当的铭品之一，荷王始终是不容忽视的好花。实事求是地讲，遵循兰文化传统，私以为盖梅、荷王、君荷和夏皇，应该并列新时代建兰瓣型花四大天王。含玉虽好，毕竟是后起之秀，资历尚浅；而且，就算以实力比拼，也只能说其与荷王各有千秋。

此兰于 1998 年下山于四川峨眉，由兰家邓远星培育并命名，两年后在首届四季兰特展上勇夺冠军，从此惊艳世人。荷王的辨识度很高，从严要求，它属于荷仙；但置身各种荷仙的万花丛中，它又是如此出众不群——因为在所有建兰荷仙之中，荷王是最接近荷瓣的仙。

荷王花为荷形瓣，浅黄绿色，上缀微微泛红的筋纹，瓣型短阔，大圆舌缀醒目红斑。相比之下，不论是含玉还是其他荷仙，瓣型都较为狭长；荷王的花瓣按比例来说应该是最宽的，加之中宫标准，显得花型很周正紧凑，花容也就更为端庄。若说缺点，一个是它的花色：说黄吧，不及夏皇莹润剔透；说绿吧，不如含玉翠色欲滴；总之不够鲜明。再一个是它的花径和质感：因为花瓣不够厚实，尺寸也略小些，虽为荷形却缺少荷花的霸气；不消说放在春兰大富贵身侧毫不起眼，即使与君荷并置，也有些怯生生，如士大夫旁一书童。

然而荷王还是可爱的。它虽然老练，却一如少年。秋风起时，它轻轻地开，一朵朵欢笑着，活泼而认真，像学堂里书声琅琅的学童。为它画像、赋诗。

荷王

婀娜幽姿迥出尘，天然高格自清真。
不须更待秋风起，一种王香动四邻。

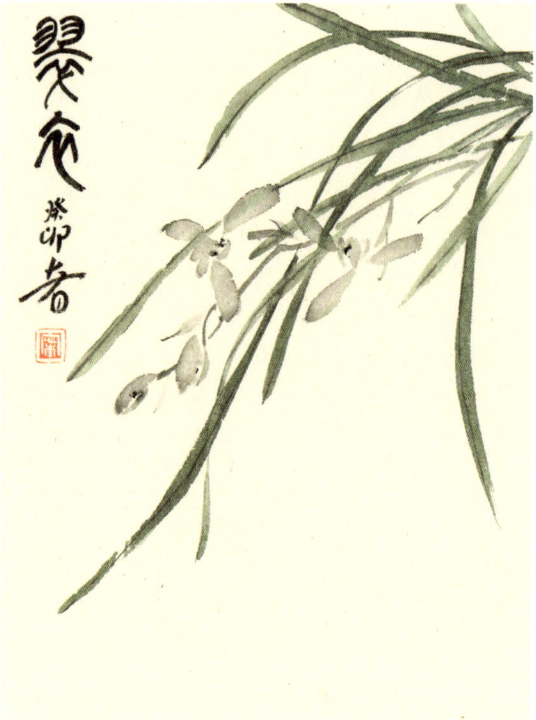

翠衣仙子

翠衣仙子（外一种：大唐宫粉）

别名：翠微素、小宫粉

门派：素，色

品级：上中品

地位：瓣型素花新秀

历史：下山于广东梅州平远县。

叶材：叶姿斜出，上半弯垂，叶片长 30 ~ 50 厘米，宽 1.1 ~ 1.8 厘米，叶色浓绿，质稍厚硬。

花貌：花莛出架，细劲挺拔，俗称“灯芯秆”。花朵适中，约 4 厘米，水仙形瓣，色泽纯净，清新素雅。花开好时全瓣雪白，唯瓣尖带翠绿色晕，似笔墨点染而成。中宫珠圆玉润，舌直圆周正，洁白无瑕。

点评：此花可谓色、形、香、素俱佳，然其最佳处非在外形，而绝以韵胜。古人论画，第一“气韵生动”，翠微乃真有仙子气韵者，似不食人间烟火，远胜寻常素花。

（一）翠衣仙子

兰亦如人，如画，如诗。兰花如人，翠衣仙子，闻其名可知矣。当年此草下山不久，我一见倾心，遂引得三两苗。如今已生得数十筒，盛放之际花开近百朵，如一众小仙女环游阆苑，素雪缤纷，翠色欲滴，袅袅娜娜，巧笑倩兮。我爱其冰清玉洁，遗世独立之姿，于我日常绘画之事亦有江山之助。

兰花如画。赏画者亦分三品——俗夫论画，但以形似；略晓画理者，动辄以技巧论之，此孔子所谓“乡愿”也，其实患甚于俗子；真知者，抛弃成见，摒弃俗格，纯以气象观之，正所谓悠然心会，老子所谓“道法自然”者也。此恰与南朝谢赫“六法”通，知者自知之，不可言传。若谨守前人法，但以“瓣型说”论，翠衣仙子恐不在正格之列。其瓣虽近水仙，然花守骨力自不可与汪字同日而语；若以素花论，比诸古人所谓落水无影之鱼魫又不知相差几许矣。然，翠衣自别有一番风度：其花莛纤纤温柔，花瓣柔和圆净，萼片剔透雪白，瓣尖一点翠色，若水墨渲染恰到好处，韵味自然生发，其清气超乎凡品俗尘之上远矣。

兰亦如诗。此花有真意，欲辩已忘言，其间有诗心在焉。先贤论诗二十四品，“清奇”一品，翠微素足可当之：“可人如玉，步屧（xiè）寻幽。载瞻载止，空碧悠悠。神出古异，淡不可收。如月之曙，如气之秋”，此之谓也。与其他素心兰不同处在于，翠衣素花极尽阴柔之美，诚如青春年少之仙女，活泼而乖巧，跳脱而含羞；其气清而姿媚，其韵淡而质柔。

昔年拙著《滋兰笔记》出版后，畹庐翠衣仙子靓照遂传遍网络之天涯海角，可见好物自是人人爱之。当时绽放不过三两枝，我移之与太湖石并置；夜色中，翠衣仙子风姿绰约，翩跹欲飞，幽芳冽冽缭绕石洞间，似有王摩诘“山青卷白云”之意。

（二）大唐宫粉

说完翠衣仙子，就不能不说说其姊妹花：大唐宫粉。

这些年因为经常到各地讲学，每说到兰花主题，向观众展示各色国兰之际，大唐宫粉总是脱颖而出，受到大家的青睐和好评。兰史上文人皆重素心，这是不争的事实；然而对于更热衷大红大绿的普通群众而言，此花能入众人眼，也是有点出乎我的意料的。乃知美有小大，小美或有赏之，大美则人尽可知。环肥燕瘦，大美不言，无论人智愚贤不肖，无不感知到其美之不可方物。

大唐宫粉，真可谓兰界之宁馨儿。此兰于2001年初秋下山于广西容县，似欲与出自广东平远的翠衣仙子遥相呼应：不仅地域相邻，且皆为素心兰，又都是瓣型花，花貌乍看也颇相似，难怪乎人称翠衣为“小宫粉”，二兰堪称“两广双姝”了。然而，大唐

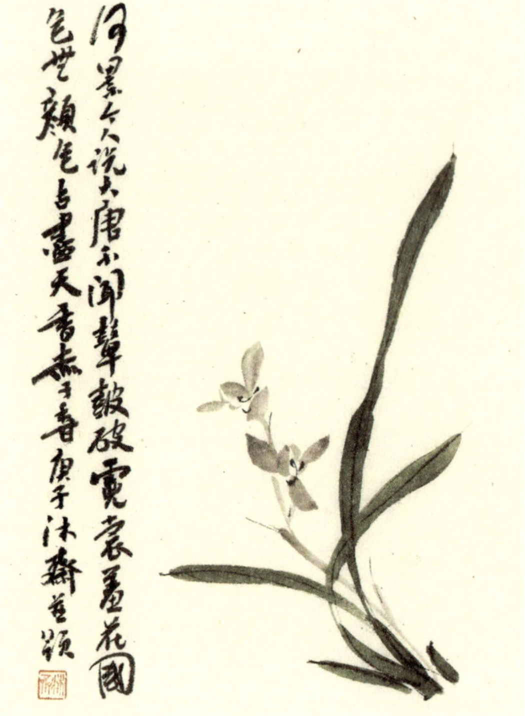

大唐宫粉

为荷形，翠衣为水仙形，就瓣型而言，大唐花朵宽绰丰满，作为素荷更显珍贵。就气韵而言，翠衣如小家碧玉，为天宫中的小仙女，清新灵动，婀娜俏丽；大唐则大家闺秀风范，如嫦娥一流之大仙女，妩媚端庄，典雅高贵。拿戏剧艺术打个比方，大唐是大青衣，为小姐；翠衣是小花旦，为丫鬟。

作为建兰素花之顶流，大唐宫粉是当之无愧的。此兰之叶片宽厚弓垂，株形与花皆优雅，捧瓣洁白，花色如玉，花舌净圆，更兼平肩，更显端庄贵气。唯其花名惜乎不尽高雅，贵妃尚嫌不足以形容之，况宫粉乎！颇觉一股胭脂味玷污了仙气也。

翠衣仙子

幽姿独立梅江谷，翠袖凌霜倚素枝。

何用人夸颜色好，仙葩脱俗自无疑。

贵
妃
醉
酒

贵妃醉酒

别名：醉杨妃

门派：色花

品级：上中品

地位：红舌佳品

历史：不详

叶材：叶姿半垂，株形优美。单株有叶 2 ~ 4 枚，叶片长 20 ~ 32 厘米，宽 1.0 ~ 1.3 厘米。叶色油亮黄绿。

花貌：外三瓣淡绿，捧瓣淡红，唇瓣鲜红。花色对比度绝佳。

点评：此花花如其名。初开两捧瓣尚未打开，至盛花期时始为显著，两捧泛出淡曙红色泽，宛如美人微醺之双颊，中间红唇耀目，叹为奇观。

严格说来，“贵妃醉酒”并非真正意义上的“红素”，其花舌的红色没有铺满，唇瓣中间尚有一脉若有若无的底线，因而还是归于“色花”派系更为合适。然而这非但不能影响此花之格调，相反却成就了一株仙葩的精彩。

赏花如赏画，最重气韵；先看整体，再察细节。贵妃之株形窈窕挺拔，如美人之身段；叶片碧绿修长，质稍薄而环垂，显得轻盈曼妙；如仙女云裳，飘逸出尘。其花莛为标准的“灯芯秆”，细劲高挑；花序疏朗，花型硕大；盛放之际，若贵妃领一众宫娥翩然起舞，极华丽而尽优雅。

再说其花。外瓣稍大而舒展，色彩随气温而变化——夏季天热，其色浅绿；秋季天凉，则呈浅绿晕染浅红，甚至全红。至于中宫更为妙绝。首先看捧瓣，浅绿中透出淡淡曙红，直穿正反两面，诚如美人微醉。其次观花舌，酡红鲜妍，醒人眼目；然若纯红一片，却嫌呆板凝滞了——她恰如其分地保留了浅浅一线，这便仿佛透出一丝活气，与微醺的双颊绝妙地呼应。因为双颊、唇舌都有国画式的“留白”，才使其彰显醉妃的佳人本色；而不似那关东大汉，酗酒狂饮，满面涨红。

此花恰似诗人宋玉在《登徒子好色赋》中所誉的“东家之子”，所谓“增之一分则太长，减之一分则太短；著粉则太白，施朱则太赤”。赏鉴兰花，其实是个格外精致的活儿，很多时候乍一看去，甲乙丙丁都差不多，仔细观瞧，察其神韵，始知不同。所不同的也许仅仅是那么一丁点儿，然而就是这“一丁点儿”左右了一朵花的大局。

中国人最讲求中庸之道，《论语》中，子贡向他的老师孔子问道：

问：师与商也孰贤？

子曰：师也过，商也不及。

曰：然则师愈与？

子曰：过犹不及。

子贡这人比较高调，聪明又有执行力，这种人在现代社会特别容易“出风头”，换句话说就是容易取得世俗意义上的成功。他就敢于问别人不好意思问的事情，子张和子夏都是他的师兄弟，他却直截了当问他的老师这两位谁更有出息。古人最重德行，特别在儒门眼中，道德上的成功才是真正意义上的成功，所以子贡的说辞是这两个人谁更“贤”？孔子说子张太过了，子夏达不到。子贡追问：这么说子张贤啊！老师依旧那么淡定：“‘太过’和‘不及’都一样。”

朱熹解《中庸》说：“不偏不倚，无过不及之名。”对世俗中的我们来讲，就是要有分寸。分寸感很重要——这就是孔夫子和一株兰花告诉我们的。

贵妃醉酒

芳庭秋夜静，独饮醉红尘。

举袂邀冰魄，应怜寂梦人。

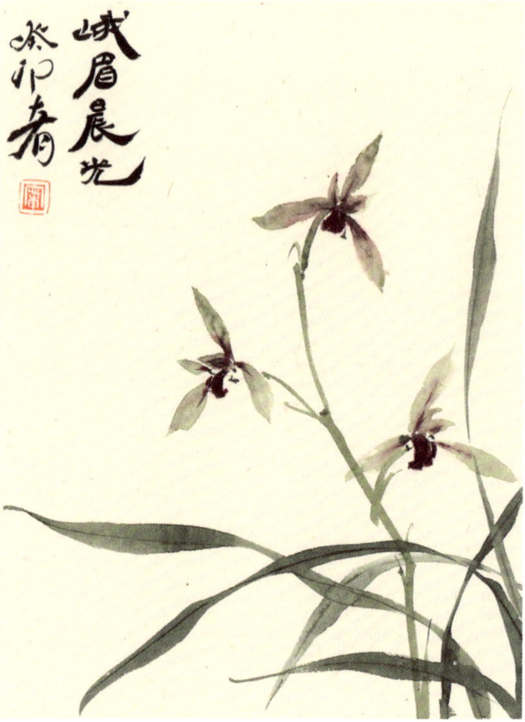

峨眉晨光

峨眉晨光

别名：赤诚

门派：色，素

品级：上上品

地位：建兰“色素”花顶级品

历史：2004年出于四川峨眉山，兰农陈方远选出，兰家汪东明培育。

叶材：株形中等，叶质较薄，叶面不平，常起波浪纹，叶片蜡质感强，嫩草时有“龙抬头”现象。新苗苞壳上有明显的紫褐色细丝，至主脉表现尤其明显，为鉴别此草的主要标志。

花貌：花莛出架，秆、柄、瓣皆青，独花舌纯素，发紫而近黑，反射漆光。此紫黑色渗透至花萼、捧瓣，似国画渲染之妙。

点评：此花堪称建兰色花之神品也。红素固有之，红紫近黑者鲜矣。外三瓣之碧绿与舌腮之彤紫自然过渡，形成夺人心魄之对比，观者唯叹造化之神工。

（一）

峨眉晨光是名副其实的“新铭品”，从它面世到声名大噪不过七八年光景。若说起此花的来历，倒也有几分传奇，因它是从一堆“行花”里开出来的，换句话讲，是一位平民皇帝、草根英雄。

2004年夏末秋初的一天，四川峨眉的兰农陈方远像平日一样，背起竹篓，准备动身上山采兰。但当他经过自家院子那一片兰花“自留地”的时候，蓦然发现其中一簇毫不起眼的建兰叶丛间，赫然开出一莛罕见的花朵。陈方远怔住了，呆在原地直勾勾地看。

他不能不感到惊讶，因为这些兰草都是他多年来采挖“下山草”后剩下的“行花”——“细花”早就被兰家们挑光选走，淘汰下来的这些草，卖不上价钱，扔了又可惜，陈方远索性把它们乱七八糟地栽到一起，生死存亡就只有听天由命了。

谁曾想，就在这堆乌合之众当中，竟然冒出了如此惊艳的绝色！陈方远虽然以挖兰草为生，但对于兰品并不精通，尽管不太懂，单凭经验和直觉，他知道眼前的这簇草绝对是好家伙。此刻他没心思再进山了，赶忙走上前去察看这株兰草，原来这草一共有四个头（有的没有叶子，只剩下老茎），叶子有点枯黄，但那花朵真是没的说，全素舌，红得发紫，紫里透黑，在晨光里熠熠生辉，有股子飒飒仙气，简直不似凡间草木。

陈方远将那四头兰苗小心翼翼地拣选出来，植入一瓦盆中单独莳养。但陈也深知，以自己的养兰水平，这草能长成啥样也是前途未卜，万一真是极品，死了多可惜！趁花正开，应当请几位行家来把把关。想到这，他开始在记忆里搜索熟悉的资深兰家，有了——汪氏兄弟。

汪东明、汪东杰兄弟，是峨眉本地的种兰高手，颇有名气，选育过不少的新花名种。陈方远曾经为汪东明找过下山草，彼此很是熟稔。于是，陈方远请来了汪东明，把那盆花往桌子上一放，汪东明也傻眼了：前所未有的色花素心极品！

有了行家给掌眼，陈方远就心里有底了，他知道汪东明此刻心里肯定也是痒痒的，但不好开口。于是就跟汪说："这草现在长势不好，等我试着养养，有多余的苗，先分给您！"汪东明心想这样也好，等这兰草来年复花时还要再瞧瞧，花品是否稳定现在还难说。两人就此道别。

时间飞快，一转眼三个年头过去了，这极品兰在陈方远的手上就再也不曾开过花，连新苗都几乎没有发，眼看着每况愈下。无奈之际，陈方远只好再请救兵，这一次他亲自登门，把这盆兰送到汪东明府上请其代养。

而这兰花说也奇怪，好像三年来专门在等候这位有过一面之缘的知己高人，在汪手里，很快地复壮、发芽，并于2010年之夏再展芳颜——一露仙姿，兰界皆惊。因此花出于峨眉，取其素心兼色花之意，故名“赤诚”，又号“峨眉晨光”，建兰色花之王从此名满江湖。

（二）

色花虽是现代艺兰界所倡之概念范畴，不在传统瓣型说关注之列，但好色之心，古已有之。明代高濂所著《遵生八笺》之《兰谱》记时人崇尚的花魁“陈梦良”：

> 色紫，每干十二萼，花头极大，为众花之冠。至若朝晖微照，晓露暗湿，则灼然腾秀，亭然露奇，敛肤傍干，团圆四向，婉媚娇绰，伫立凝思，如不胜情。花三片，尾如带彻青，叶三尺，颇觉弱黯。然而绿背虽似剑脊，至尾棱则软薄斜撒，粒许带缁。

明人品兰，唯分紫花、白花二种，而以前者为优。所以，在清人以瓣型分高下、品兰论蕙之前，古代兰人更关注的是花的姿色。而我关注的是文中对陈梦良的那些极富情感色彩的描写“朝晖微照，晓露暗湿，则灼然腾秀，亭然露奇”——晨光熹微，花姿旖旎，活脱脱是对现世名兰峨眉晨光的诠释!

很多人要反对：这两种花怎能类比？风马牛不相及——陈梦良是紫花，峨眉晨光只不过花舌是紫色，瓣可都是绿的！但请注意后段写陈梦良的话“花三片，尾如带彻青”，也就是说陈梦良并非纯紫色，而是花瓣瓣尖处为绿。反观峨眉晨光，与陈梦良何其相似，所不同处正在于陈梦良是以紫为主，兼带绿边；而峨眉晨光则是绿边面积大了些，以至于显得整个花瓣都是以绿为主了。借用“叶艺”的术语作比，好像陈梦良之花便是鸟嘴，而峨眉晨光却是鹤艺。

再看陈梦良的叶姿“弱黯”“软薄斜撒”；而峨眉晨光特点为叶片菲薄，具蜡质感，表面不平，时见“龙抬头”，可见二者之叶也极其相似。所不同者，大概陈梦良之花以大见称，且花色深湛，当比后者更为壮观。

当然，以上仅仅是做些有趣的比较，引发大家的联想和思考。事实上，古时兰花，既无真凭，又无实据，何以与今兰相谈并论？何况古书中关于陈梦良的花舌如何，是彩心，还是素心？只字未提。却只说他“花头极大”，什么尺寸？多少厘米？天晓得。

还是来说今天看得到、闻得着的花。峨眉晨光，花容自不必说，极不寻常。不喜欢他的人可能也有，喜欢他的人则一定更多。厌恶者嫌其花心黑紫，远离古人素心之意；推崇者却正爱其花心之色，谓之珍贵难得。但不论如何，谁都要承认这是一株奇葩，其花舌和花心满浸的亮紫，都在宣告其身份的尊贵，品相的不凡。

峨眉晨光之素心虽是“武净”，却要比许多“文净”花品还要高，是因为它的色——紫黑色的兰花最为稀有和宝贵。这种可贵不仅在于数量的稀少，也在于兰韵之高妙。将峨眉晨光与暮山紫、满堂红等色花及各种素心兰并列一处，前者之气质真如高濂所谓“伫立凝思，如不胜情”，花品高下立现。

时下兰界戏将赤诚、国魂与墨宝并称“建兰三剑客”，大概是受武侠小说及市场行情二者的影响。此三者确属色花系第一流极品，然这种冠名实属不伦不类。缘何？国魂与赤诚，前者为绿花“红素”，后者为绿花“紫素”，或可并称“建兰双绝”；而墨宝则并非素心，乃是纯紫色花，门类有别，此其一也。国魂与赤诚，赏其花色反差之美；墨宝之美则赏其浑然一色，鉴赏标准有别，此其二也。若代之以贵妃醉酒并列其中，庶几仿佛。

峨眉晨光

丹心堪映日，点墨恰凝眸。

也拟凭栏望，熹微叶上浮。

墨宝

墨宝

别名：紫蜻蜓

门派：色花

品级：上中品

地位：紫花顶级品

历史：2005 年左右下山于四川夹江县

叶材：中垂叶，叶色浓绿，叶面不平、常起波浪纹，草形健壮，叶姿优美。

花貌：每莛着花 4 ~ 7 朵，花大出架；外瓣竹叶瓣，瓣端圆钝；舌瓣密布紫红色细条纹；花色红紫，逆光呈紫黑色，花色稳定。

点评：此花一枝独秀，以高贵的色泽几乎独占此色系花魁。兼之花叶搭配得宜，堪为建兰传世经典。

“墨宝”不是一幅字画，而是一种兰花。顾名思义，因其花色红得发紫、紫得近黑而获此美名。遍观整个兰世界，墨宝可谓睥睨群雄。

若以色论，墨兰、寒兰家族中，紫黑色系几乎占了一半，似不足为奇，然而无论瓣型还是花头大小，均无法与墨宝争锋；春兰铭品“板桥遗墨”，黑则黑矣，大则大矣，然论瓣型则一无可取，与墨宝比判若云泥；蕙兰有新种“紫气东来”，身价贵气逼人，盖以蕙花素无此色，物以稀为贵尔，实难与墨宝相抗衡。至于建兰家族内部，虽有“暮山紫”“紫云”等“黑色会”成员骨干，终归是墨宝的“马仔”——墨宝之名可算是当之无愧了！

严格来讲，花卉世界没有真正的黑色花；所谓“墨牡丹”“墨菊”，只是极红紫而近黑，建兰墨宝也不例外。然而即便是这种红紫色，在群芳中已足称珍品。何况紫色自古便被视为尊贵的色彩。古人很早就尊崇紫色的兰花，历代兰花著作中记载的那些铭品都以紫色花名列前茅：陈梦良、吴兰、潘花、金棱边，此皆紫花极品；然而也有更多的紫色花被列为下品，如淳监粮、萧仲和、许景初、何首座等。这些花如今都已失传，文字大多语焉不详，又无花照、图绘可观，所以很难判定古人赏兰尤其是色花系的标准，但从字里行间我们仍能窥出古人品鉴色花的意思。

其一，花朵要大。譬如说陈梦良，明代的《兰史》写“花朵最大”，清代《第一香笔记》说“花头极大，为紫花之冠”；吴兰，前者写“朵差大”，后者说“花头差大”，意思都是说吴兰的花朵比陈梦良稍小了些。其二，叶姿要好。关于陈梦良，《兰史》说“叶长三尺许，深绿色，叶梗微方，背作剑脊”，说吴兰“叶最长，劲而绿”；而《第一香笔记》写吴兰的叶子“叶高大，苍劲可爱”，写潘花则是“花叶差小于吴兰，峭直雄健，众莫能及”。其三，也是最关键的，是察兰整体之气韵。这一点就“只可意会，不可言传”了，比如《兰史》说陈梦良“芳艳婉媚，为众花冠”，怎么个芳艳婉媚法，读者从何而知？

很难知晓。就如同古代书论分“神、妙、能”三品，何谓“神”？不可言传。又好比说看画要看“真迹”，因为再好的印刷品也呈现不出名画的笔墨神采；再好比观花如看人，养兰人总是情急地辩解：“不上相！必须看实花才好！”这是实话，很多美人也都是不上相的，只有近距离面面相对，你才能感受到那气质的芳华：光彩照人——不打开灯，你怎知什么叫光彩？

墨宝能不能跟古书上记载的这些极品相提并论？论花头大小，恐不及陈梦良；虽然墨宝之花并不算小，较之众多铭品甚至都要略大一些，但绝称不上大花铭品。论色彩，实在无从印证古今之高下；但就目前存世的兰品看，墨宝虽不能说“前无古人，后无来者”，也一定是矫矫不群之辈，至少无愧于建花的当代第一“黑”罢！

墨宝的原名唤作“紫蜻蜓”，这个名字的确差点意思：既缺内涵，也不厚重，是配不上此花的。或以为其形似，私以为不然。

这种瓣尖圆钝、瓣型狭长的特征，是兰花瓣形状的一大类型：墨宝如是，吹吹蝶如是，红、黄一品如是，峨眉水仙等亦如是，甚至一些蕙兰瓣型花如大一品、荡字、上海梅等因栽培差异，有时候也会呈现出这类开品；这些蕙花开时，飞肩抖擞、朵朵挺立，振翅欲飞——若说蜻蜓，墨宝倒真不如它们更像呢！

墨宝

数点幽香入梦魂，秋风吹老蜀南村。

何人写出潇湘意？半是离骚半墨痕。

幽姿卻出碧叢，山川俗卉竟深紅。漂香渡芳衆口譁，牛馬來減嬋婷女史風。庚子立秋寫建蘭市長紅並詠之。虹

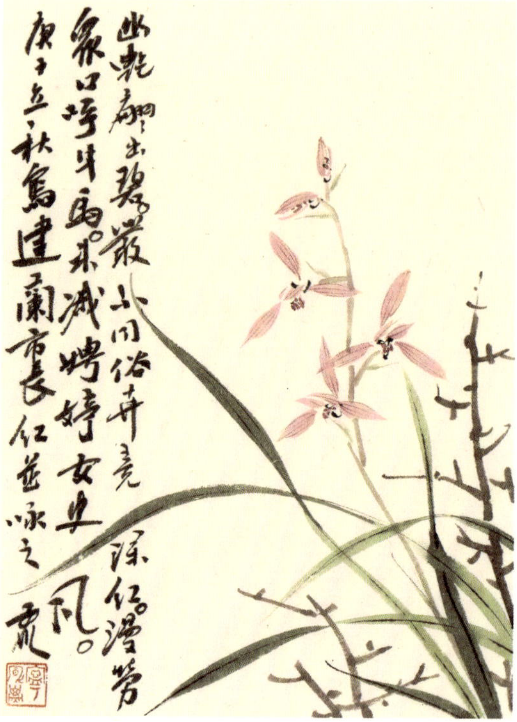

市长红

市长红

别名：无

门派：色

品级：中中品

地位：建兰红色花代表品

历史：20 世纪 70 年代初出于台湾

叶材：微阔叶，叶形弓垂，优雅俊美。新芽暗红色，新叶具先明艺特征，呈白黄色，成熟后转为正常的绿色。

花貌：每莛着花 5 ~ 8 朵，浅粉红间深粉红筋纹，为阔竹叶瓣，花型较大。

点评：建兰色花早期铭品，虽然花瓣之色度不够精纯，然而胜在整体气质，至今仍有其独到的魅力。

建兰红花不可谓不多，然若以气韵、形态、色泽、香气、株形、瓣型、价位等各方面综合考量，代表品种仍属市长红。

市长红一花，在当代建兰家族中可谓元老了。回顾新时代中国兰界发展史，来自宝岛台湾的几款建兰铭品——色花之市长红、素花之青山玉泉、奇花之富山奇蝶、蝶花之宝岛仙女，曾几何时在兰界叱咤风云，令兰人们珍爱有加，趋之若鹜。如今，狂热过去，新草辈出，这些品种早已“飞入寻常百姓家”，普通得不能再普通，廉价得不能再廉价。然而，好花依然是好花，既“不以无人而不芳”，也不因跌价而逊色，兰草自身的价值与其作为商品的价格并没有直接的本质的关系。

市长红的花色属于粉红，花瓣为浅粉的底色上缀有胭脂色的深红筋纹。若单以色论，它未臻极品，既不及“骄阳”之色清透，也不及“蒲江胭脂”之色纯正，更不及“玫瑰妖姬”之色浓艳。但是它花莛出架，姿态挺拔，花容俏丽端庄，花瓣舒展阔绰；再加之株形美观，花叶相谐，比例协调，互为增彩，确为一代名种。伫立一众胭脂建花群中，亭亭玉立，娉娉婷婷；如成熟之知性女子，举手投足间大方优雅，岁月欲掩其芳华，却丝毫不减佳人本色。

唯一最可憾者，乃在其命名——只因当年经台湾一名市长之手培育，遂得呼此。以“市长”之现代官职名称而号幽兰，总感觉不伦不类，有伤大雅。或许是古今汉语文化内涵不同所致，倘若换以“知府红”“状元红”称之，感受便舒服得多——所以说，这其实也是一种文化心理效应。

市长红物美又价廉，好养又勤花——既有才貌，又接地气，还亲民，最关键的是它不易“腐”[1]——因而我想，这个名字大概寄托着人们的一份善意和祈愿呢！

---

1 指兰花常见的茎腐病、软腐病等由细菌或真菌感染所致的病害。

市长红

幽艳翩翩出碧丛，不同俗卉竞深红。
漫劳众口陈知府，依旧娉婷女史风。

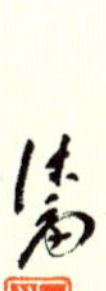

吹吹蝶

吹吹蝶（外一种：一门三父子）

别名：峨眉三星、仙山仙女

门派：蝶

品级：中上品

地位：建兰三星蝶铭品。

历史：20世纪90年代初出于四川峨眉，由兰人余福厚栽培。

叶材：株形中矮，叶姿舒散，叶质娇柔，叶长20～25厘米，宽至多1厘米。偶出中心叶蝶。

花貌：小草大花型，正格三星蝶。花萼碧绿如玉，捧瓣完全舌化，蝶斑硕大红艳。

点评：此花堪称良品，内三瓣蝶化充分，格调不俗。但外三瓣却稍显伶仃，略乏神采，与蕊蝶不谐。

（一）吹吹蝶

吹吹蝶在新生代建兰三星蝶家族里，当属一流，但始终不曾有个好名号。如同武林中人在江湖上行走，倘若没有个帅气的绰号，总觉先输人一头。拿此花来说，“吹吹”响亮而不文雅，“峨眉三星”和“仙山仙女”文雅而不响亮。

其实客观地说，就算这两个“文雅而不响亮”的称谓也算不上文雅。“峨眉三星”，意思不过就是“产于峨眉的三星蝶”；至于“仙山仙女”也好不到哪里去，拿仙子、仙女来称呼兰花毫无新意：台湾有三星蝶“宝岛仙女”，峨眉的自然就是“仙山仙女”了。就像满大街穿汉服、弹古琴，管它是真汉服还是乱弹琴，反倒成了俗。

到头来，反倒是只有这个“吹吹蝶”叫得最响。不过这个名字虽然粗糙，却很有来历。话说在峨眉的兰圈子里，有一位名人叫余福厚，这个人供职于峨眉山水电局，但他的拿手绝活，既不是传播兰文化，也不是搞水电工程，而是吹牛。因为这个，他博得了美名，江湖人称“余吹吹”。而偏偏是这个“余吹吹”发现了这个三星蝶，于是可怜这株名花就有了这样的称号。吹吹蝶因余吹吹而成名，余吹吹也因吹吹蝶而致富。二十多年前，峨眉山兰协举办兰展，一盆五苗的吹吹蝶以三万五千元的成交价震动了峨眉兰市。这是余福厚对于吹吹蝶的首次出手，七千元一苗——而当时峨眉的房价也不过每平方米六百元。

人世沧桑，兰市沉浮。而今吹吹蝶早非稀世珍品，无数个“余吹吹”和那些兰花铭品的传奇故事都成为远去的记忆，但兰花的传奇还将继续，兰花的幽容依然吐芳，吸引着后来人。

（二）一门三父子

说完吹吹蝶，再说一门三父子。可叹这对建兰蝶花的顶级品种，都没有起得合适的芳名——一个太俗，一个又太雅。

所谓一门三父子，即文学史著名的苏洵、苏轼和苏辙。此兰名极富内涵，我试为解说之。首先，因此草出自眉山，而眉山正是“三苏”的故乡，故而得名，此其一。该花开品为正格三星蝶，内三瓣工整对称，围绕花心，似父子三大家在文学史上平起平坐，同放异彩，此其二。此花外瓣碧绿，内瓣纯白底色，缀以醒目大红斑块，显得花色对比极为鲜明，夺人心魄，如“三苏”胸怀锦绣、文采斑斓，此其三。此草叶面为典型“蛤蟆皮”，波浪起伏，凸凹不平，好比“文似看山不喜平”，此其四。此兰为中矮种，小草大花，有“于无声处听惊雷”之势，温文尔雅却锐不可当，好比大文人之风骨气度，此其五也。

虽同为三星蝶顶级品，一门三父子的花与吹吹蝶迥异。吹吹蝶叶片稍狭，株形相对飘逸；花莛细而略出架，外三瓣长圆，显得此蝶整体感灵动、秀丽而活泼。一门三父子则株形矮壮，叶片宽厚且有波纹；花莛出架而显紧凑，正与花貌相谐：其花外瓣碧绿，内瓣蝶化彻底，白底红斑极为鲜艳夺目，对比非常强烈。

一门三父子的整体观感是叶朴拙而花绚烂，与灵巧俊美的吹吹蝶相比可谓大异其趣。前者是敦厚木讷却相貌清奇的文士，后者是假扮淑女实则顽皮可爱的女子。君看兰花之世界，何其丰富有趣，岂别人间世耶!

吹吹蝶

仙境生仙女，飘飘绿袂飞。

粉腮摇碧钿，香雾髻云晞。

春剑

玉海棠

玉海棠

别名：碧玉衔月

门派：梅

品级：上下品

地位：春剑梅门顶级品，与皇梅分庭抗礼。

历史：产于四川通江巴山

叶材：株形高峻挺拔，叶姿刚柔并济，叶片斜立，色泽苍翠。叶质细腻宽厚，长达70厘米，宽2厘米左右，叶脉明显，叶缘锯齿，叶端渐尖。

花貌：每莛开花2～6朵，外三瓣短圆阔大，收根紧边，几达极致；内三瓣极力收缩，蚕蛾捧，短平舌，中宫紧结，与外三瓣形成极端之对比。

点评：此花翠色欲滴，温润如玉，形如海棠，神采奕奕。

玉海棠占有国兰之一“最”——瓣型最圆的兰花。国兰之梅瓣品种本就以瓣型圆整近似梅花而得名，如春兰老种之宋梅、瑞梅、贺神梅、小打梅……清代以降流播甚广，尤其宋梅，更是以近乎圆满的标准梅花瓣型享誉古今，稳坐梅王宝座而君临天下。直到春剑玉海棠的出现，才引得兰界哗然——它的花瓣是如此地圆，圆得连王者宋梅都快坐不住了。

玉海棠有多圆呢？按说宋梅已经很圆了，但和玉海棠比还是显得花瓣有点长，仍属于微椭圆，而玉海棠基本就等于一个标准的圆，甚至可以说，它比梅花还要圆。身为兰花，花瓣圆如此，恐怕郑板桥见之也不敢落笔，须请他的哥们儿金农参与作画。[1]

玉海棠与皇梅并列春剑梅门的代表品种，其叶片修长，植株高大，气势雄健超迈，有玉树临风之感；花开之时正值隆冬，赏之如坐对绿梅映雪，梅瓣莹润香糯，令人如饮甘醴，心旷神怡。简言之，这是一款大气与温婉并存的极品，株形极其豪迈，花朵尽其温雅。然而，正因为其花瓣之圆满胜于真梅，其优势在此，为人诟病处也在于此——内外瓣之对比已达极致，外瓣圆阔，中宫紧缩，两厢对比显得不甚协调，遂有过分夸张之嫌，引得失衡偏颇之讥。

确实，玉海棠不足之处有二：一者，花瓣虽圆融而未中庸，失之乖张；二者，花莛虽不算短而叶甚长，如金刚怀明珠而不得见，失之不谐。尽管如此，玉海棠自有其可贵处：单以花论之，皎洁圆满，温婉可爱；再以叶赏之，魁梧刚健，倜傥不群。终仍不失为一流兰品也。

---

1 金农、郑板桥皆为绘画史上著名的“扬州八怪”，前者以画梅著称，后者以画兰竹名世。

玉海棠

一枝春映雪，桃李黯无光。
温润瑶池璧，风流玉海棠。
巴山多异草，冰魄共梅郎。
不忍一枝折，长揖敬月芗。

西蜀道光

西蜀道光

别名：徐家芽黄

门派：素，色

品级：中下品

地位：春剑耄宿，四川四大名花之首，传统川兰文化之集大成者。

历史：产于四川青城山。清道光年间即由青城山道家采植种养，后流传民间，为原灌县民兴乡徐铁匠传承，故又名徐家芽黄。1989 年由四川陈岱开更名为西蜀道光，取其道家意旨，并寓产地，且记载出品年代。

叶材：株形较高，叶片狭带形，嫩绿色，长 40 ~ 60 厘米，叶缘微带锯齿，收尾细，叶尖上翘，学名承露叶（俗称“龙抬头”），此为辨别道光真伪的一大特征。

花貌：花莛出架，嫩绿中透黄色，每秆着花 2 ~ 6 朵，花径 5 ~ 6 厘米，花色金黄灿烂，正格全素，舌、鼻皆金黄无瑕，晶莹剔透。整体端庄秀雅，分外醒目。

点评：这是一款深具历史文化意味的草，时光荏苒，传统铭品不改其本色。诚可赞矣！

常言道：峨眉天下秀，青城天下幽。青城、峨眉，不独以自然风光名世，更以历史文化见重，一个是道教圣地，一个是佛教名山。产于这两地的兰花，给人的感受就有先天的优势，好像也能沾染些仙气佛缘。

说来有点意思，峨眉以“秀”称绝，所产的兰花也鲜美秀丽，主产色彩丰富的建兰；青城以“幽”取胜，所出的兰花也清高幽独，尤以春剑闻名，其中的经典代表便是西蜀道光。

西蜀道光确是一款深具历史文化意味的兰草。“道光”既指兰花问世的时间（清朝道光年间），又暗示了其与道教文化的关联——它金黄纯素的色泽，如道法映射出的光芒，普照尘世。一切都仿佛冥冥之中有着因缘和宿命，偏偏在那个时间，那个山上，山上道观里的道士培植并流传着这株传世名花。

据说，西蜀道光乃一位道士在天师洞附近发现。天师洞是青城山道观之主，为东汉名道张天师所创建，此处有幽谷流泉，古木荫天，正是滋养兰花的天然宝地。某年夏天，几位师友去青城山讲学，其中的一位友人特意给我打来电话说：“这里有那么多的兰花，山上山下随处可见，你真应该来看看！”

我是很想看看。空谷幽兰——说的正是那些无拘无束、自由自在，漫山遍野随性绽放的山花。但如今能见到的那些都是“行花”，“细花”不是藏匿深山，就是早已为人所驯化。就像西蜀道光——二百多年来，这件大自然镂金错玉的杰作早已“飞入寻常百姓家”。原始的“道光”，真如神仙羽化而去了吧？

春剑素心兰自古铭品辈出，香气幽雅兼冰清玉洁，可赏可观。绿花素心有银杆素、隆昌素，黄花素心有留珍芽黄、西蜀道光，都是传统嘉兰。当代兰界审美进入多元化，崇尚色花，所以春剑家族又涌现出很多红、白色花素心及艺花素心铭品，如虹彩素、翡翠素、月白素、水晶红素及红霞素等。冬末春初时节，正当春剑、莲瓣盛放，倘若赶上几盆各色素心兰同开，将其摆设一处，绿、红、白、黄交相辉映，是最赏心悦目之乐事。

某年隆冬，我在外地，父亲母亲打电话跟我说，家里的一盆兰花开了，跟别花不同，碧绿而潇洒的叶片，衬托金黄而灿烂的香花，醒目而怡神。是西蜀道光！我那时还未曾见过实花，但想到返回家中就有花可看，行旅的疲惫顿消。轻合双目，想象中那阳光般的花朵和它沁人的香气仿佛已在我的面前。

西蜀道光

道山出仙草，仙草号道光。

羽化金蝉去，王者自留香。

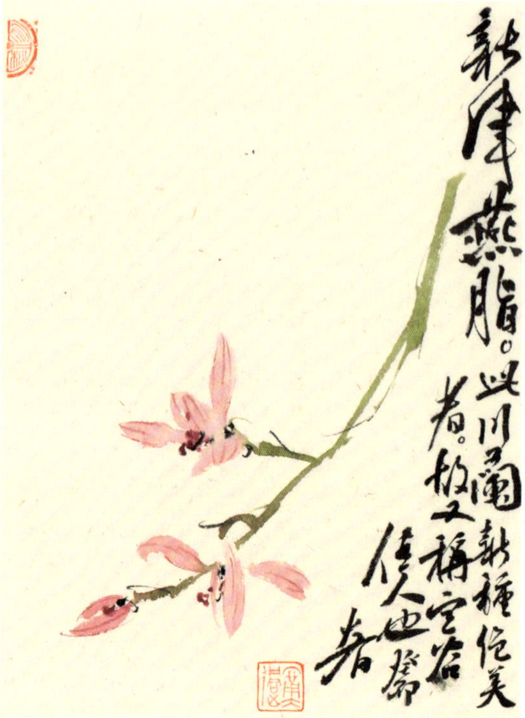

新津胭脂

新津胭脂

别名：空谷佳人

门派：色

品级：上中品

地位：春剑红色花顶级铭品。

历史：1992 年选出于四川成都市新津县

叶材：属软叶春剑，叶姿中垂，色泽浓绿，叶沟较浅。

花貌：花瓣阔绰，近荷形，水胭红色，具深胭脂筋纹，虚实相映，愈显空灵。赏之如对佳人，略施粉黛，娇艳大方，光鲜照人。

点评：大草大花，红花绿叶，娇艳雄健，刚柔并济。

东坡咏兰诗“春兰如美人，不采羞自献”，其实更适于“色花”，只有五彩缤纷的“色花”才最符合“美人”之称谓，春剑色花“新津胭脂”则是其中的代表。

新津胭脂，全称新津胭脂红，为成都新津县的“县花”，当地兰人都称其为“空谷佳人”。苏轼的另一首诗“也知造物有深意，故遣佳人在空谷”，说的是海棠，但正可比新津胭脂。新津胭脂之色恰似海棠，水嫩娇艳，白里透红，兼之花形饱满硕大，叶片翠色欲滴，若于山谷间得以观之，微风之下，天香国色，何止倾国倾城。

论兰花之“色”，诸家之中，素来以莲瓣居首。莲瓣兰皆女流，以“色”称绝兰谱，或白或粉或黄或红或绿，极尽妖娆绚丽之姿；仙子、皇后、嫔妃、仕女、闺秀、淑女、名媛、歌妓以至于村姑，“美女”之态应有尽有。但她们在春剑新津胭脂面前，出不了半点风头。

春剑以雄奇称霸兰国，豪迈的株形、峻健的叶片，已经让纤纤弱弱的莲瓣兰气势上好像矮了一头，再忽然间开放出如此鲜艳空灵的花朵来，哪个莲瓣“美女”遇见这空谷佳人不想绕边走？

现在人们常说“大女人”，意谓那些不让须眉的“铁娘子”般的职场女性，不是身材高大，更不是冷血无情，而是心胸宽广，气度从容，情怀精神上的博大，博大而能温存。新津胭脂大概即是这种“大女人”——她可以与“美女如云”的莲瓣兰比肩而立、同沐春风；也可以跟自己春剑家族那些瓣型花的“纯爷们儿”一道豪气冲天、栉风沐雨。

都云女子善妒，连伟大如孔子者都发出那句经典的感叹：

> 唯女子与小人为难养也，近之则不逊，远之则怨。（《论语·阳货》）

不管此话是否真理，至少，对于如新津胭脂这般的“大女人”来说，它是失效的。不论你是“近之”还是“远之”，她就在那里，于“我”何有？还是东坡语：“猝然临之而不惊，无故加之而不怒。”称颂的是君子，何尝不适于此兰。

我的那盆新津胭脂尚未见花，引种时的一苗草如今才刚够两苗半。清晨为兰花浇水，端起她察看，但见那新苗嫩绿的叶片中脉间隐隐泛红，这是美人胚子的特征。养兰人最快乐的事就是看见“两芽”——春天的叶芽，秋天的花芽。新芽萌英迸沙之际，正是兰人心醉神驰之时。这种快乐，不养兰的人是无法体会的。

赏花不及养花乐。那些“临时抱佛脚”，为应景去花市买来一盆盆盛开的鲜花装点门面的人，生命里缺少了不少滋味。这种滋味，何止于花事呢？

新津胭脂

胭脂才一点，春色满枝头。
空谷佳人隐，嫣然笑许由。

许由，上古著名的贤者隐士。

天机余锦

天机余锦

别名：奥迪牡丹（王）

门派：奇

品级：中上品

地位：春剑牡丹形奇花顶级珍品

历史：2004 年 3 月出于四川什邡

叶材：株形健壮，叶姿中垂，叶色深绿。

花貌：整花既似牡丹，又似重瓣山茶。每莛两朵，莛细而朵大；每朵花约 8 厘米，近圆形，丰满硕沃；花色桃红、浅绿、黄白相间，脉纹清晰；外三瓣蝶化带红覆轮，内多瓣全舌化，鼻柱全蕊化，花的基部苞衣也变成三瓣。

点评：奇花类其实开品多不稳定。此花开得好时，确实壮丽。珍品总因难能而可贵，故不应过分苛求。

有年夏天，我回老家海城避暑，其间应好友老田之邀，到他们成立的当地学术团体嘉德学社去做了两次讲座，其中一回专讲兰文化。我说过去养兰人，都是文化人，养的是心性；当代养兰人，多是暴发户，养的是金钱。比如一个非常好的奇花珍品，名字叫作“奥迪牡丹”，原因是据说人家拿一辆奥迪换他一苗兰草都不换！满座哄堂大笑。

先容我说句题外话，类似嘉德学社这样的民间学术社团目前在国内层出不穷，这是好事情。据我观察，这些社团热爱学术和文化，那份虔诚让人感动，印象深刻，较之“正规”学术机构更有治学态度和精神。中国自古有民间结社之优良传统，诗社、书社、印社、琴社、画社不一而足，如著名的西泠印社即是其中典范，可惜的是这类“典范”往往最终难逃“官方化”或“半官方化”的命运，落得似是而非，生机不再。此乃前车之鉴，在“文化兴国”的今天，这一点尤须当政者记取和注意。

言归正传，讲座里我所提及的是关于此花的一个版本，另一个版本则出自花之原始主人之口，资料源于网络，在文中，“奥迪牡丹”的花主详细描述了此花的发现和命名过程：“我们把它比作奥迪 A8 顶级汽车，又将它比作为四川春剑兰花向 2008 年奥运献礼的礼花，所以建议将它取名为‘奥迪牡丹’。”

当代养兰投资，属正常商业行为，亦无可厚非。可“非”的是关于一株兰花的命名。幽兰毕竟是风雅物，名字理当不流于俗。试看古代艺兰家选育的名兰：绿云、碧蕖、青筱、叠翠、仙蟾、鱼魫、吴兰、潘花，乃至宋梅、龙字和大一品，纵不能尽极雅致，至少也能做到朴素平实。

“美女香车”固然是“人之所欲也”，但与幽独的兰花无涉。兰花寄托的是君子的品格，其中鲜丽者虽可以美人视之，也止于“窈窕淑女”“静女其姝”“蒹葭苍苍”的淡雅伊人，而绝非庸脂俗粉之群。

至于“奥迪牡丹”，这几个字实在刺眼，于是我不赧浅陋，且称此花为“天机余锦”。《天机余锦》是古人编缀的一部词集，这里取其本意。此兰开奇花，绚丽缤纷，好比天上织女的纺机才织得出的华美锦绣。也借此传世名兰，祈愿我中华文明，前程似锦。

天机余锦

可叹世人心不古，漫呼良卉作良车。

花开富贵纤纤草，满座欣狂正忧予。

漫呼：随意地去称呼。良卉：『天机余锦』是好花；良车：『奥迪』是好车。但将二者结合，称呼兰花为『奥迪牡丹』便大煞风景，辱没斯文。

牡丹又称『富贵花』，此兰如同牡丹开在纤纤的兰叶之上，故有此句。

予：余，我。意谓此兰花开时，众人都为之惊叹狂喜，『我』却在为这么好的兰花被冠以如此恶俗的名字（奥迪牡丹）而忧虑，其背后真正所忧虑的乃是时代文化的落寞和世风之浅薄。

莲

瓣

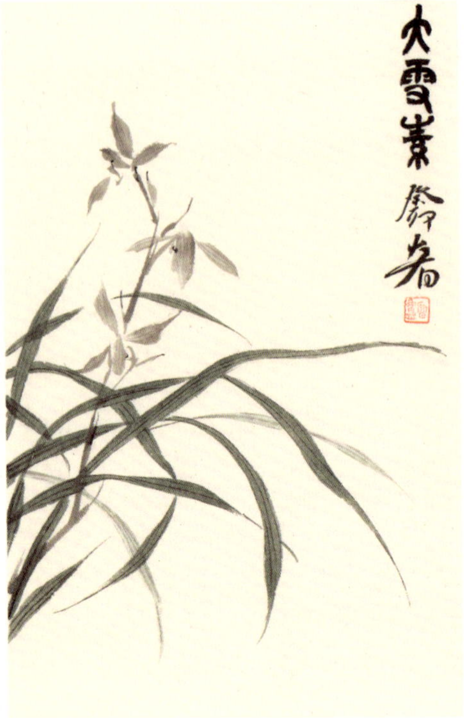

大雪素

大雪素

别名：元旦、大素心、大素馨

门派：素，色

品级：中上品

地位：滇兰“四大铭品”之首，大理兰花传统铭品，与“小雪素”同为莲瓣兰之形象代表。

历史：原产于滇西地区，已有至少六百年以上的栽培历史。

叶材：株形高大，叶姿潇洒，每株具 6 ~ 7 枚叶片，叶长 20 ~ 70 厘米，叶宽 0.8 ~ 1.5 厘米，呈弧形带状，似垂柳飘逸。叶色深绿或偏黄，具光泽，质地稍厚，手感偏硬。

花貌：花莛挺拔出架，白绿如玉，高 20 ~ 30 厘米，着花 2 ~ 5 朵，花期 1 ~ 2 月。花色洁白清雅，带浅绿筋纹，香气幽远。花瓣为阔竹叶瓣，平肩或微落，花径 7 ~ 8 厘米。剪刀捧，唇瓣洁白反卷，基部有浅水渍。

点评：大雪素因产地及栽培管理不同而呈现细微之差异，虽普及甚广，价位也不高，但作为滇兰历史经典，其色、姿、气、韵终为上乘。盛放之际，观之若群鹤凌空，心旷神怡。

早在明永乐年间，大理名士杨安道编撰的《南中幽芳录》一书中，就已有关于莲瓣兰铭品大雪素的详细记载：

大雪素。段氏名花，多产于无量山。正月开花，株花二至四朵；叶七，宽四分，长尺余，如绵绵垂柳；莛淡白如玉，粗如箸，挺拔为上品；荷瓣，洁白如雪，人字肩，宽两寸；舌淡白如腊而娟秀，花清香。

这段文字充分表现了大雪素的特征：株如垂柳，莛似玉箸，花胜冰雪，淡雅清香。此兰当时主人为段氏皇族后裔之末世王孙，一代名媛段宝姬。杨安道等滇中名士与宝姬常有往来，赏兰论道，诗歌唱酬，遂成此兰著。此为题外话。

云南是我国艺兰文化发展历史最悠久的地区之一，迄今已有近千年的兰花栽培史。滇兰以丰富多彩的莲瓣闻名海内外，莲瓣是名副其实的云南“家兰”，而大雪素又为“云南家兰之首”。

大雪素、小雪素并称姊妹花，为莲瓣家族两大当家花旦。纵观滇兰文化史，你会发现，这里的兰花世界恰似这里的人文社会形态，自成一套系统，就好像唐代的南诏、宋朝的大理那般，有其自己的鉴赏标准、话语体系和风俗习惯。

莲瓣素来以“色”著称，似风情万种的各色美人。更重要的是，当地人赏兰只是赏兰而已，只求赏心悦目的好看，没有中原人士对兰品的诸般挑剔和苛求，什么中宫、什么天窗、什么花守、什么收根放角、什么五瓣分窠，统统不在意。一句话，滇人于滇兰，放任自流，随她烂漫。

大雪素株形潇洒，叶片碧绿，花之状貌如云起、如鹤舞、如雪飞，若以“瓣型”论，其花不足称道，但好就好在这里——恰无瓣型花的呆板无趣，处处尽显生机。这正是大雪素在气韵上反倒要胜于白雪、雪人、雪棉荷素等素心瓣型花的理由。面对大雪素，我们也只需学滇兰兰人的“无为”好了，什么都不想，什么都不管，只顾鼻子闻香，双眼去看。绵绵垂柳，群鹤凌空——这份形容真是再恰当不过了。

据说，“大雪素”作为通行的叫法实际上始于20世纪80年代，当时为方便出口，云南外贸部门在组织外销时统一称之为“云南大雪素”。而之前，当地人对于此兰更多的称谓是“元旦兰”。元旦，便是今日所说的春节。因为大雪素花期正值辞旧迎新的年关，一盆盆冰清玉洁的花开无疑为家家户户增添了喜庆祥和的气氛，故有此称。

甚至，“元旦”这一称谓最早可上溯至清代。据称，清同治年间进士桂霖曾写有名为《元旦兰》一诗，诗之附注说：

大理产兰最盛，四时所植，名品各殊。其最佳者为元旦兰，叶细如韭，花白如玉，属异品也。得一盆供养案头，宠之以诗。

文中所述之元旦兰确为大雪素。但是，这不禁让我生疑——大雪素之名，明代即有之，何以反倒不如“元旦兰”？

答案只能有两个，其一，大雪素自内府宫闱流入民间后，产生了元旦兰这一更适合世俗称呼习惯的新别名；其二，大雪素和元旦兰原本就是两个不同的品种，后人不识，遂混为一谈。

那么，《南中幽芳录》中记载的大雪素，与我们今日所说的大雪素是否为同一品种？兰界有人产生过质疑，并举证说现在的大雪素是后人移花接木，借用历史上大雪素之名而大行于世，真正的大雪素早已绝迹。但大多数人认为，大雪素栽植历史悠久且范围广泛，不存在冒名顶替的事情。

在我看来，两种情形都有可能。历史上很多名兰都曾盛行一时，但其中不少品种都已失传，段宝姬所植的大雪素未必流传到民间。但小雪素一直存世，所以后人为凑泊成对，或出于某种目的（如为促进贸易）而将元旦兰拉过来顶替，也未尝不可能——

如果果真如此，那确是兰史上一个永远的遗憾。

大雪素产地是无量山，无量山即踞大理及巍山等地，巍山古称蒙化。清代《蒙化志稿》载有这样一段话：

（兰蕙）以素馨兰为最。素馨与元旦相似，惟元旦兰叶稍宽而大。

显然，“素馨”与“元旦”是两个完全不同的品种。两者极其相似，差别在于素馨兰品高，而元旦的叶片大。素馨即雪素，大者为大雪素即大素馨，小者为小雪素即小素馨。那么此处的素馨是指哪一个？如果是小雪素，自然是比元旦兰叶片小得多，似乎说得通，但以之“为最”，便于理不合了。那么，此处的素馨兰，正是指大雪素。

而结论便是，大雪素与元旦兰实为两个不同的品种，前者兰品最佳，后者花品稍逊之，但株形较之高大。

但麻烦还是未能解决。回头看桂霖的诗文——“其最佳者为元旦兰，叶细如韭”，这实在说不通。今日我们所说的大雪素已属宽叶莲瓣兰，按《蒙化志稿》所载，元旦兰比之还要“宽而大”，那怎么可能如桂霖所说“叶细如韭”呢！更何况，云南蒙化本地的县志都公认兰品“以素馨为最”，外地人桂霖却写“元旦最佳”。那么只有一种可能：桂霖搞错了。

但是，很容易推断出——桂霖之所以搞错，是因为赠他兰花的云南人自身已然搞错——把元旦兰和素馨兰混为一谈，明明送的是最好的素馨，却说是元旦。

如此构想下去，我们就豁然释然。原因是，大雪素、素馨兰、元旦兰——纠结这些名词已经不再重要，因为在历史上，连最熟悉她们的兰人都已经将她们弄混，或者不再有意去区分，既然花都极相近，索性都叫大雪素好了！

但不去区分，不表示区别不存在。在今日的云南，大雪素在兰界有巍山种、石鼓种、鹤庆种、化龙种等不同的说法，而这些出于不同产区的大雪素的株形和花貌也确有细微之别，似以巍山种最优。当然，这些差别，你可以计较，也可以忽略——无关大体，大体是，大雪素的香氛还在人间。

大雪 素

冷艳真欺雪，王香射碧空。

长风随野鹤，吹入乱云中。

云龙素荷

云龙素荷

别名：玉荷素、倒钩刺

门派：素，荷

品级：上下品

地位：荷形素心经典

历史：出自云南大理云龙县

叶材：属中细叶莲瓣兰，叶片弓垂，纤细修长；叶背面中段至叶尖的主脉上有叶齿；叶长 40 厘米左右，宽 0.5 厘米左右。

花貌：花秆细，花出架；小荷形瓣素心，如意圆舌；洁白的花瓣之中夹杂着青翠的筋纹。

点评：此花花叶俱佳。花容端庄，玲珑剔透；株形飘逸，清雅大方。是莲瓣素心瓣型花中性价比最高的品种。

读书讲次第，修行须渐悟，知人待日久，识世有过程。赏兰亦不例外，面对莲瓣家族众多素心兰，初看时白花花一片——白雪、雪人、太白素、天鹅素、庆麟素、永怀素、冰美人、如意素、高天流云、碧龙玉素……对于门外汉而言，基本都一个样。然而，随着对兰花认识的逐步深入，你才了解如此多的素心兰却是千姿百态，各个不同。

比如大雪素，贵在气质高洁，落落大方，我们取其“大”，就不须考察它的瓣型；小雪素，贵在精致素雅，小巧玲珑，我们取其“雅”，就不管它的花是否够大；太白素，花色最纯白无瑕，我们取其“白”；如意素，初放为标准荷花瓣，我们取其“形”；高天流云，花莛修长出架，取其气格之“高”；永怀素，色较白而瓣最圆满近荷，取其开品之近乎完美；至于本文的主角云龙素荷，几乎兼有众家之长，却始终保持了一种含蓄的雅量高致，这种低调的作风和亲民的姿态，总让我想到老子的那句话：

上善若水，水善利万物而不争。处众人之所恶，故几于道。

云龙素荷就是一株“不争”的兰花：无论瓣型、颜色、株形、花径……从哪个角度去衡量，与同门相比它似乎都未能拔得头筹。然而纵观数十年来兰市的风云变幻，云龙素荷的表现始终稳定，牢牢占据着兰家的一席之地，也是滋兰者登堂入室的首选。云龙素荷叶细狭、色翠绿，叶姿俊逸洒脱，虽说身材中等，却曼妙婀娜；花容端庄精致，初开为标准荷花瓣；花色玲珑剔透，洁白的底色夹杂青翠筋纹，如五官标致的淑女，不施粉黛，素以为绚。在美女如云的莲瓣兰中，云龙素荷似乎并不抢眼：一身素衣，芊芊书卷气，在人群中浅浅地微笑；然而那份优雅、淡然和朴素，却让人钦服和心仪。

就瓣型而言，云龙素荷具备儒家“中庸”之美；就形色而论，它符合释家“清净”的寓意；就品格来说，它拥有道家“无为”之特征。一花而集众妙，能不爱乎？

云龙素荷

一片清芬出水滨，风吹瑞雪玉粼粼。
纤姿不改凌云操，只把幽怀对素人。

人面桃花

人面桃花

别名：无

门派：色，素

品级：上上品

地位：赤壳素心粉红色花铭品

历史：2002 年出自四川凉山会理县

叶材：叶形披散，株形挺拔；株高 20 ~ 25 厘米，单株 5 ~ 7 片叶；叶片半直立，叶长 40 厘米左右，宽 0.6 厘米左右，色泽碧绿。

花貌：每莛着花 2 ~ 3 朵；桃红色，窄荷形；如意素舌圆整洁白。

点评：此花色、素、型兼备；花品端庄雅丽，清香幽远，为当代新品极佳种。

莲瓣兰如美女，是所有兰人的共识。春兰的文气、蕙兰的士气、寒兰的逸气、春剑的英气，在五彩缤纷、万种风情的莲瓣兰这里不大见得到。莲瓣是超凡脱俗的美女，是静女，是硕人；是添香红袖，是窈窕淑女；其中最极致者绝非凡间物，是姑射仙子，是汉女洛神，总之莲瓣兰是神仙姐姐，她们的身上只有仙气飘飘。

人面桃花，兰如其名。花开之际，朵朵艳若桃花，点缀于翠色欲滴的碧叶丛间，令人胸中春风骀荡，平添无限生意。此兰出自川南凉山彝族自治州青山碧水间，似得乎天地之灵气，遂生得毓秀绝尘。会理与云南接壤，而云南大理早此十年前下山的莲瓣兰晴娥，堪称此兰之姊妹花。晴娥，俗称红韵素，皆非雅号，我乃名之曰晗素，此兰花色妩媚而温馨，澄澈而清明，如天欲晓，如日将出。晗素与桃花，皆胭脂色素心极品，花貌酷似；所不同者主要在株形：晗素是小草大花，叶片短小精致而有劲道之质感，整体株形平展，花高出叶面之上；桃花株形潇洒挺拔，叶片轻柔修长，花朵掩映叶丛中。二者品第，难分伯仲，若一定论个高下，只能说单比花色，晗素当胜；兼取株叶，桃花更优。

不管怎样，桃花与晗素无愧绝世双姝矣。此双姝，艳而不俗，清而不寡，既有妩媚鲜妍的胭脂色瓣，又有玉洁冰清的雪白素心，再加上葱葱碧叶、袅袅身姿，与丰美的花萼交相辉映，可以说是兰花丛中最清丽动人的国色。寒冬之际，坐对此兰，令人莫名地温暖和感动：“宜言饮酒，与子偕老；琴瑟在御，莫不静好。”

唐代崔护，睹物思人，一句“人面不知何处去，桃花依旧笑春风”，写尽有爱人生之美好遗憾和无限怅惘。我于此花，亦如此心——昔日不慎痛失爱兰，至今思之犹哀。佛经云：“诸法空相，诸法无常。”在如梦的尘世中，重拾旧兰盎，不是要执着于兰色，而是让那颗兰心不失其所。

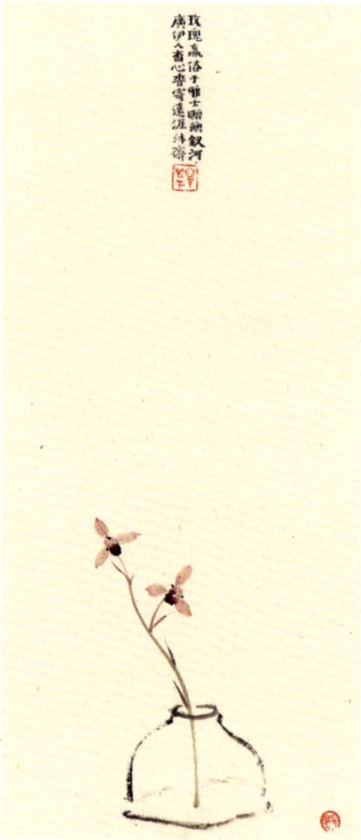

宝钗

宝钗

别名：心心相印、财神献宝

门派：色

品级：上下品

地位：莲瓣兰“红舌”家族经典铭品。

历史：约 1997 年下山于怒江坝。

叶材：为中宽叶莲瓣，叶姿飘逸洒脱。叶长 30 ~ 50 厘米，宽 0.6 ~ 1.0 厘米。叶芽圆润饱满，尖粉红，状若洋葱。

花貌：年初开花，每葶着花 2 ~ 4 朵，花出架；花瓣近荷形，大花，粉白色底；最有特点者为花舌上醒目的心形红斑，极为绚丽夺目，有如穿在爱神丘比特箭上的那一双难分难解的心。

点评：此花因艳丽的色彩、醒目的心形红斑而惹人怜惜，深得兰人喜爱。虽然拥有很多名字，但更多的兰友还是认可“心心相印”。在当代兰人眼里，它就是情人花。

莲瓣兰色花铭品“宝钗”，更为人熟知的名字叫“心心相印”。因为此兰最显著的特点是浑圆的花舌上印着一大块紫红色的心形斑，甚至让人感觉整个唇瓣都是紫红色，宛如“红素”；而且每每一葶之上着花两朵，宛如爱心两两相印。

因了这两颗赤红的“爱心”，在兰界此花被呼作“情人草”，意思是献给爱人的兰。据说也真有兰人以此向爱人表达心意，一盆盛开的“宝钗”呈献于美人面前，令美人亦随之心花怒放。但此行为的前提是对方女子也须懂兰，至少也要能够欣赏兰，否则就成了兰人的一厢情愿。

所以我写“宝钗”的这首小诗便遭到朋友们善意的抨击：“兰花固然雅，玫瑰怎么就俗了？”这纯属误会，我要说的其实不在花，而是在人。一位书法家朋友说过一句话，跟我不谋而合：雅人习俗俗也雅，俗人弄雅雅亦俗。

面对一株兰花，说到底还是取决于观者；兰之美，取决于养花人和赏花人。这倒让人联想起王阳明“山中观花”的那几句名言。心外无物，信矣哉。

或谓：距离产生美。《诗经》里的诗人，思念“在水一方”的伊人，渴慕“不可泳思”的游女，咏叹无歇止。时隔千年以后的我们读来依然为之感动，百转千回。实在要归功于诗中男女主人公之间那道茫无际涯的江河。

心心相印，名字虽嫌俗了些，却也正因为它雅俗共赏而流行，作为莲瓣红舌系列的代表在兰界家喻户晓。至于“宝钗”之名，雅则雅矣，由何而来？我却不能知晓；或许是因其花大气丰美，便以“十二钗”中的宝姑娘名之；又或许是因为那颗舌瓣上的红心，好似嵌在女子钗头上的璀璨宝石罢!

实际上，莲瓣兰中类似的花还有很多，比如爱心、如意佳人、丹顶鹤、丽江红以及碧龙红素等，唇瓣上的红心差别不是太大，外瓣却有不同，但也不外乎绿花红舌、白花红舌和红花红舌这几样；倘若只选一种，我还是建议新入门的兰友选择“心心相印”，以其性价比最优。

这些莲瓣兰花间的一点红心，于植物而言只是“招蜂引蝶”的生理功能和特质，在有心人眼中却自然成了那份千古爱意凝结的表征。冬去春来，遥想美人闲倚窗前，静对一枝“宝钗”的盛放，不论红袖添香抑或香添红袖，此情此景皆妙不可言。

宝钗

玫瑰赢俗子，雅士赠兰钗。

汉广伊人渺，心香寄远涯。

《诗经·汉广》：『汉之广矣，不可泳思。』描写一位男子对大河对面一位女子的思慕。

荷之冠

荷之冠

别名：绣荷鼎

门派：荷

品级：上上品

地位：莲瓣多花类荷瓣之冠

历史：1990 年下山于云南保山

叶材：属宽叶莲瓣兰，叶芽紫红色，成株叶长达 50 厘米，宽 1 ~ 1.8 厘米；叶色中绿，叶尖圆钝；叶片脱水感较重，叶面行龙，为典型荷瓣兰叶。植株伟岸，筋骨强健。

花貌：荷瓣，花大出架，每莛着花三四朵，花色淡粉点缀紫红筋纹；主、副瓣圆阔厚糯，中宫紧凑，开品稳定，如意舌上红斑鲜艳。

点评：此花气势恢宏，娇美富丽，大度雍容，花色花形均稳定，花守极佳。

莲瓣兰之所以有莲瓣之名，正是由于其花之形态、质感、色泽都如莲花（荷）一般。至于莲瓣中的“荷瓣”花，可谓荷花中的荷花，比起春、蕙的“荷门同仁”，论相似性，当然更有先天优势，毋庸赘言。

远在明朝，云南的兰人就已经开始选育和鉴赏林林总总的“荷瓣”和“莲瓣”花。彼时，后来成为“正统”的“瓣型说”尚末在中原创立。云南兰人完全凭艺术直觉和对莲瓣兰的观感，称呼那些酷似荷花的家兰为“碧玉莲”“金丝莲”等，这些记载均见于滇中兰著奇书《南中幽芳录》——“莲瓣兰”这一大兰种之命名正由此书渊源而来，而“瓣型说”理论也由此滥觞。

当然，若以今天的“瓣型说”去观照，古代云南兰家称谓的那些“荷”与“莲”多不符合荷瓣之标准，顶多只能算荷形花。20 世纪 90 年代后，随着滇兰界对传统瓣型理论的逐步认知，一批又一批的莲瓣兰“瓣型花”陆续下山，粉墨登场，如国际时装周 T 形台上的世界名模，吸引了世人一波又一波热浪般的目光。而这其中，最为出彩的当属“荷门”与“蝶门”。云南莲瓣家族中的这两大门派，名花云集，佳种辈出，为滇兰界及其兰人赚足了面子，争得了荣耀。尤其是“荷门”，粉荷、药草、滇荷、神荷、云熙荷、荡山荷、千禧荷、荷之冠、素冠荷鼎……争奇斗艳，满庭清芬，让人沉醉其间。

苏轼说“春兰如美人”，其实莲瓣兰才最似美人：有的淡雅，如淑女；有的娇艳，如名媛；有的纤美，如燕瘦；有的丰满，如环肥；有的清丽，如小家碧玉；有的端庄，如大家闺秀。至于荷之冠，高雅有之、端庄有之、华丽有之、丰美有之，不仅是大家闺秀，甚至不仅是贵妃，简直是才貌双全的女皇了。荷之冠不像一般莲瓣兰那般纤细婀娜，它株形高大健硕，但却并不让人感到粗犷鲁莽，而是高挑秀颀，如大美人亭亭玉立；其花色鲜而不艳，艳而不俗，高雅娴静，光彩照人；综观其姿，真似汉赋之洛神，如楚辞之湘夫人，驾彩云而降临，款款移步山谷之间，迎风而立，裙袂纷纷。

说到此，想起“诗三百”歌咏的“硕人”，也唯有《诗经》里的诗句差可比拟荷之冠的丰姿。《诗·陈风·泽陂》：“彼泽之陂，有蒲菡萏；有美一人，硕大且俨。”正是此兰的绝佳写照。

月宮無覓處 轉入此中來 雙耳叢
閒立常媲賁思豬 庚子冬寫 廣

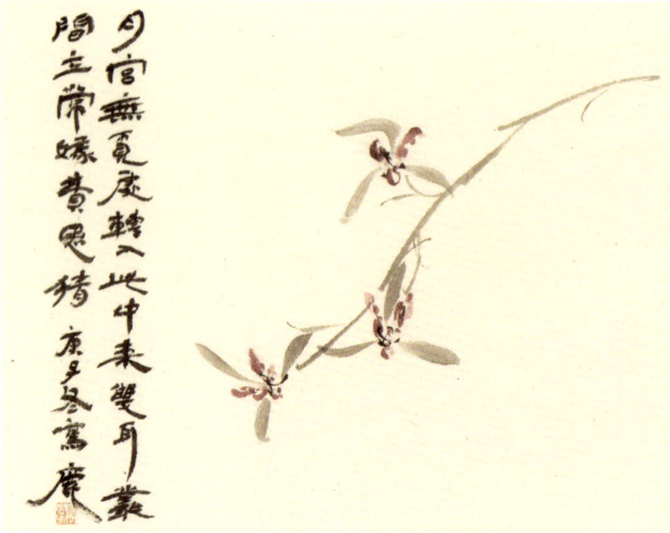

玉兔

玉兔

别名：玉兔彩蝶

门派：蝶

品级：中上品

地位：莲瓣兰捧瓣蝶代表。

历史：1990 年由滇、藏交界处云南维西县山民采得。

叶材：株形细劲挺拔，叶片半直立；每茎具叶 6 ~ 8 片，长 20 ~ 35 厘米，宽 0.3 厘米左右。

花貌：每莛开花 2 ~ 4 朵，花瓣淡绿偏白色，瓣中央显红筋；捧瓣全蝶化，布满艳红斑块，直立斜伸，酷似兔耳，故而得名。此花生动活泼，色彩鲜明，灵气十足，充满生机。

点评：玉兔之花，最是生动。蝶瓣艳丽非常，花型硕大。但具野性，时常“开飘”。

莲瓣兰以色彩绚丽丰富、花姿热情奔放著称，这一点在捧瓣蝶铭品玉兔的身上表现得淋漓尽致。莲瓣家族极富“蝶花”佳品，而且“蝶”之绚烂非其他兰种可及。仅就“内蝶”来说，就有丽江星蝶、馨海蝶、梁祝、玉兔、桃园蝶、大凤、二凤、盛祥蝶、汗血宝马、满江红、红满天……个个精彩又各具特色。

论特色，单讲玉兔彩蝶。一般来说其他兰种的捧瓣蝶，也就是点到为止，捧瓣“蝶化”也就“蝶化”了，不会再费多余的“心思”。玉兔则不然，“捧瓣”不但要充分地“蝶化”，还要卖力向上伸展，就好像有谁拎着它们向上抻，抻得长又长，直抻成了兔子耳朵，大抢“主瓣”的风头。

所以当你面对一株盛放的玉兔，大概要会心一笑：原来兰花也可以开得这么有趣！不错，玉兔属于那种具有幽默感的兰花，以至于我写它的诗，也必须迎合这份俏皮——“双耳丛间立”，你可以尽情想象眼前这只变作兰草的兔子，该让苦苦寻觅它的嫦娥小姐急成什么样。玉兔的这种幽默感，对于习惯了传统兰花品鉴体系的兰人是一种有趣的“挑战”。它好像不愿顶着“王者香”“君子花”的神圣光环，而宁愿轻松甚至任性一点，这种性格也真像那只跟嫦娥捉迷藏的“小坏蛋”。

不过，很多兰人认为，玉兔的开品不够稳定，经常会有所谓“开飘”的可能。但也有一些兰人坚称，正宗的玉兔绝不会“开飘”。于是兰界把前者称为“野兔”，后者称作“家兔”。有童心的爱兰人其实不必太在意这种区别，且不妨当作那狡黠家伙的恶作剧式的玩笑。

人生苦短，就该活得轻松一点，这与君子德行并不矛盾，孔夫子不也时常与弟子们幽上一默？所以说，危坐未必真高尚，箕踞如何不风流。玉兔一兰教我们去过光明而愉悦的人生。

玉兔

月宫无觅处，转入此中来。
双耳丛间立，常娥费思猜。

玉兔又名玉兔彩蝶，『双耳』指此花的两个『捧瓣』，以状若传说中月宫玉兔之耳而得名。

常娥即嫦娥，传说中的月宫仙子。

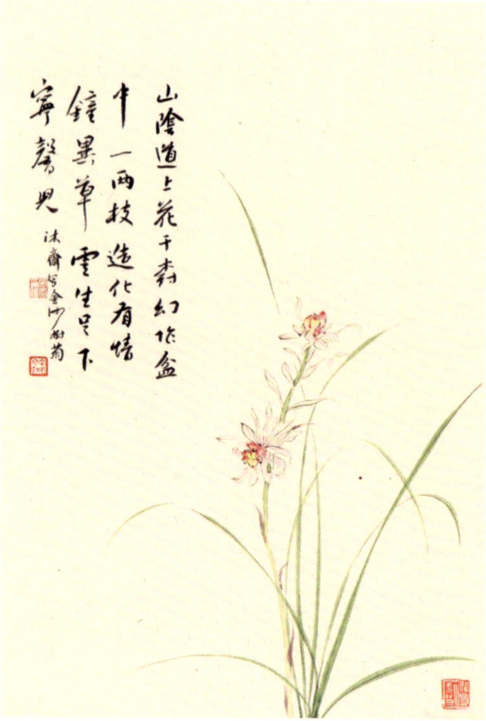

金沙树菊

金沙树菊

别名：千手观音

门派：奇，蝶，梅

品级：上中品

地位：顶级树形奇花，被誉为兰界“贵族”，号称“奇花莲瓣之王”。

历史：2004 年出于金沙江畔深山。

叶材：属宽叶莲瓣兰，叶片纷披，叶长 50 ~ 70 厘米，宽 0.4 ~ 0.8 厘米。

花貌：花莛出架，花型大气。每莛着花约两朵，为多瓣奇花，层叠繁复，华彩缤纷，堂皇壮丽。花色白底现红丝，集蝶、奇、梅、菊（树）于一身，正中有奇，奇中有序。

点评：观金沙树菊，真可谓目不暇给，美不胜收。兰花开若此，论者复何言。

莲瓣兰奇花之王金沙树菊就像是一个从天而降的传奇。

历史上的传奇人物，大都经历坎坷，命运起起落落。兰也莫能例外——就这一点来讲，金沙树菊可谓生不逢时。

2004 年中秋，四川会理县六华乡农民张平自金沙江畔的深山里采得大批下山宽叶莲瓣兰，邻县（会东县）一位兰友从中选出带花苞的两苗残草、一苗壮草，来年春便开出了树形奇花。2006

年早春，此草首次亮相兰展，当它无与伦比的仙姿呈现在众人面前时，展会上所有的兰花霎时黯然失色，兰人们没有一个不被那夺人心魄的美惊得目瞪口呆。

这一年里，金沙树菊的单苗价格从一百万元一路飙升到近五百万元。谁能料到，就在两年前，当邻县兰友从张平手中买走那三苗下山草时，总价才一百五十元。

从单价五十元到五百万元，不过一年而已——这不是传奇何谓传奇？一切才刚刚开始，彼时所有的兰人仅凭经验就可以预测，这株小草缔造的神话还将继续。

然而，就在金沙树菊一路凯歌、八面威风之际，中国兰花市场的熊市不期而至。从 2006 年底至 2010 年，兰花价格狂跌，兰商们还没回过神来，兰市低靡的阴霾早已压住了头顶的整个天空。

金沙树菊这个天之骄子，刚开始它的璀璨星途，正值春风得意，就陡然遭遇逆流和寒冬。这几年中，无数昔日名兰的身价都一落千丈，很多甚至跌入谷底。可怜金沙树菊，纵有天大本领也无回天之力，五年间，刚登上山顶的“小树”，价格从一百万元直降到十万元。尽管如此，作为莲瓣标杆的“小树”在寒风中依然紧扛大旗，须知，能够挡住十万元这一关，这在当时已算辉煌的战绩。

如果让我评选莲瓣兰的“四大天王”，那便是粉荷、永怀素、素冠荷鼎、金沙树菊。

莲瓣不似其他兰花家族，不以瓣型胜，而是以色占优。如此一来，能够兼顾瓣型的顶级色花，自然可以跻身第一梯队。这“四大”之中，前三个都算作“荷门”色花，一个粉，两个白，“荷门”乃莲瓣望族，至于“梅门”则兵微将寡，不值一提；只有金沙树菊属于奇瓣色花，然而“奇”并非它的强项，奇花多的是，也便不足为奇；“小树”真正的撒手锏乃在于它的“梅瓣”特征，换句话说，如果它非“梅”而仅仅是奇花的话，不论气质样貌，还是身价地位，都将大打折扣。

所以，还是传统瓣型的力量大。金沙树菊的花瓣顶端，具备半硬捧之雄性化特征，花瓣上带明显的淡黄色块状粉团，团绕在花鼻周围。这正是“梅瓣”的生理标识。蕙兰中的无上天王老朵云，也正是有如此的表现，才能够号令天下，莫敢不从。

金沙树菊

山阴道上花千树，幻作盆中一两枝。

造化有情钟异草，云生足下宁馨儿。

《世说新语》：王子敬云：『山阴道上行，山川自相映发，使人应接不暇。』此句借喻该兰之美妙，如行走于山阴道中，同样令人目不暇接。

《五灯会元》卷三十：『曰：「步步登高时如何？」师曰：「云生足下。」』这是禅宗大师石霜楚圆和尚的语录。意谓该兰开花如步步登高，渐入佳境。宁馨儿，本义为『这样的孩子』。见《晋书·王衍传》：『何物老妪，生宁馨儿！』由于王衍乃美男子，后便以『宁馨儿』指代外表美丽标致的人物。

寒兰

太

虚

太虚

别名：太一、太清

门派：素

品级：上上品

地位：寒兰素心珍品

历史：产自浙江丽水

叶材：细叶寒兰，叶片斜立，叶质油糯，色泽墨绿，株形飘逸潇洒。

花貌：花莛青碧，花瓣青翠，唇瓣纯素，白底微微晕染青丝，纯净清明，赏之忘尘，表里澄澈。

点评：寒素中花秆、瓣型、色彩、舌苔、花守、株形俱佳之下山珍品。

寒兰如隐者，如世外高人，有出尘意，童颜鹤骨，形神俱清。

在偌大“兰江湖”中，春兰、蕙兰、建兰，乃至春剑、莲瓣、墨兰王国皆帮派林立，铭品众多，有头有脸、声望远播的高手如云。唯独寒兰，不为世人所识，叫得响的铭品屈指可数。我谓寒兰为高卧之隐士，不仅因其“无名”，更因其气韵风神、独立品格，殊异他兰。

寒兰素以“寒素”[1]为贵，因寒兰之花瓣多呈竹叶、鸡爪、

1 所谓寒素，即素心寒兰。

虫翅、鸟羽之形，兰界囿于传统“瓣型说”，往往以“行花”视之，唯寒素类花，得益于“素心说”，遂能为人所称道。

然而寒兰之绝美，恰在于其清癯细狭之态。书法讲求“书贵瘦硬方通神”，此句最宜寒兰。寒兰之瓣，若惊鸿、若鸥鹭、若孤鹜、若竹影，真似挥笔写就，恰与书法相通，如折钗股、锥画沙、印印泥，飘若浮云、矫若游龙。寒兰一莛孤高细劲，远超群叶之上，似胸有凌云之志，不同凡响。若配以荷瓣、梅瓣乃至奇蝶之花，反觉繁缛累赘，蚁身象足，浓妆艳抹，不成体统。

按照传统“素心”的标准，严格意义上来说“素心寒兰”分青花青舌及青花白舌两种。现代的“素舌花”则范围有所扩展，所以我们说“寒素”既包括绿花红舌、黄舌，也包括红花黄舌、红舌，黄花黄舌、红舌，以及紫花白舌、黄舌等。“寒素”，尤其是传统青花寒素，由于纯一色，更显气朗神清，仙风道骨。

太虚为青花寒素中之出类拔萃者。此花外瓣简洁规整，肩平色翠，花舌素盈如雪，隐泛青丝，与花瓣浑然一体，冰清玉洁。花几之上，一盆陈设，幽香悠远，茎、叶、莛、萼、瓣、舌青翠盎然，若混沌之初开，天地开明，窅然灵虚。

太虚

阅尽草枯荣，萌英出太清。

霜寒何足道？谈笑一阳生。

萌英，出芽开花。

《周易》之『复』卦，一阳爻居最下，象征物极必反，阴盛极则衰，阳回转生发，譬喻冬去春来。寒兰开放正值寒冬，最迟可开至来年早春。此句形容寒兰『太虚』凌寒盛放，如高士淡定自若，谈笑间欣迎希望的到来。

紫

霞

紫霞

别名：无

门派：色

品级：上中品

地位：寒兰珍稀色花品

历史：21 世纪初出自武夷山

叶材：细叶寒兰，叶片斜立，株形飘逸。

花貌：花莛极细，为灯芯秆；花朵与花莛皆为浓紫色，花瓣纤细俊俏，骨力刚强，朵朵如一。

点评：寒兰紫花不少，然如此纯正浓艳者罕见，且此花花守极佳，传世弥珍。

寒兰是国兰世界中最神秘、最珍稀且最富个性的品类。人们通常将寒兰分为大叶种和细叶种两大类，实际上二者之区别主要并不在叶，而更在于花貌、根部和假鳞茎。若从花色角度考察，寒兰色系则极为丰富，传统说法粗略地将寒兰分为青花寒兰、紫花寒兰和青紫寒兰，而事实远非如此。寒兰之花，总体上可作单色花和复色花之分；单色花有青色、绿色、白色、黄色、红色、粉色、紫色等几大类别，而复色花即多种色彩任意搭配组合而成的花色，表现力更是无穷。

紫霞，顾名思义即紫色花的细叶寒兰。一般来说细叶寒兰的紫红色系，都存在转色现象，初开常为普通的绿色，再随开花进程而逐渐变红且越来越浓，直至近乎紫黑。紫霞属于转色彻底而性状稳定的紫色花，花色为浓郁的绛紫，逆光表现为紫红，顺光则呈玄黑色，色彩纯正而显高贵，故为个中翘楚。

大叶寒兰往往株形高挑健硕，花莛直冲云霄，花朵形大而气势恢宏；细叶寒兰则多以精致风神取胜，叶片细狭飘逸，花形优雅精妙，花叶搭配气质俊爽，气韵清高。所以爱寒兰者多重细叶名种。清冷高尚的细叶寒素自不必说，玉萼雪唇，洗尽铅华，其优种品格最高；次则细叶紫花，青紫二色互相映衬生发，紫气东来，气息神秘而高贵；再则黄花，稀有而华美，如天子宸章，金碧辉煌，常为不世出之臻品；至于胭脂色，亦极难得，若姑射仙子，凌风飘举，实为人间罕见之绝色。

以上就色彩而言。至于说瓣型，寒花绝不落春蕙之窠臼，亦绝不可等量齐观。寒兰花瓣虽细狭，但无论色彩之丰富性还是形态之表现力，都毫不逊色于其他兰种。有类似荷瓣之端庄者，有如水仙瓣之神采奕奕者，有非仙非荷非梅之性情各异不流凡俗者；俱难以常理规束之，诚如阮籍所言："礼岂为我辈设耶！"更何况今人说："主要看气质。"寒兰独特的个性、潇洒的身姿、清高的风骨，让我们不能以评判其他兰花的标准去品第寒兰。既不可能，亦不可取，更不可为。

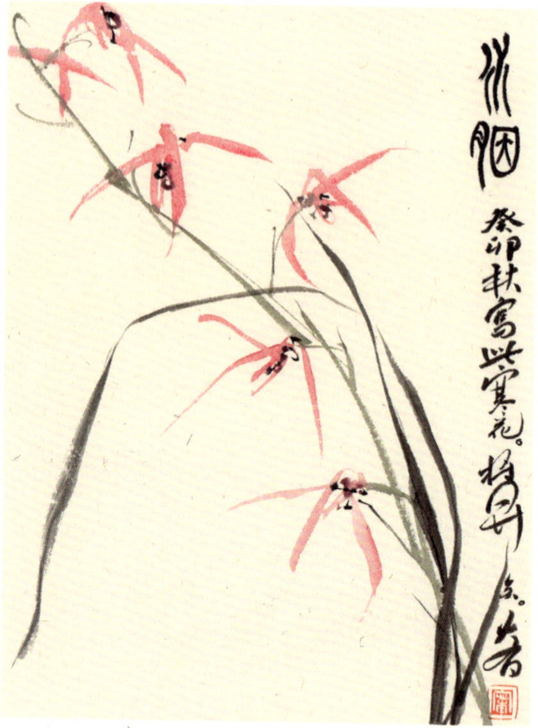

水胭

水胭

别名：嫣红

门派：色

品级：上上品

地位：寒兰珍稀色花品

历史：出自江西宜丰

叶材：细叶寒兰，叶片弯垂，具扫尾叶艺，光洁明绿，如三春柳。

花貌：花莛婀娜高挑，浅绿色；花朵轻盈明快，水红色。两相对比更显花色明亮鲜艳，清丽脱俗。

点评：寒兰红花众多，然似这般娇艳明媚者鲜矣。艳而无俗尘之态，固当称绝。

水胭之美，尽在“姿色”二字，如观美人然。有姿无色，有色无姿，皆可叹事。人喜寒兰，多爱其潇洒清冷，若高士大隐之态，待直面此花，凛凛生气顿化作儿女情长。

然而同样是美人，气质迥然有别。有妖冶之美，有清秀之美，有端庄之美，有俏丽之美，水胭之美，真可谓“可远观而不可亵玩焉”。赏此花时，亦同其他寒兰一般，心生超尘之思，所不同处，此花非仙风道骨之高士，乃翩翩欲飞之仙女也。其花形花色花姿，极易让人吟出王勃的名句：“落霞与孤鹜齐飞，秋水共长天一色。”

审美常随世易时移。书法如此，绘画如此，戏曲如此，美人如此，兰花概莫能外。所谓传统并非一成不变的东西，用西方哲学家伽达默尔的话说，就是“由我们规定和再造了传统”，用元代书法家赵孟頫的话讲，就是“结字因时而传，用笔千古不易”。

兰花审美的传统，始终是在变化发展着的。由重色不重形，到重形不重色，再到形色并重。这是一条基本的线索，未来肯定还会变，但基线不会偏离，赵孟頫所谓的“用笔”，反观于赏兰，就是“形色二重奏”，就是前面提到的“姿色”，更确切地说，或许还是我常说的老话“气韵”。

寒兰之美，恰在其狭长之瓣、高挑之莛，疏朗之序，洒脱之叶，劲拔之骨，莫测之香，变幻之色。非拿清朝人的“瓣型说”去套牢寒兰，肯定行不通。呆头呆脑的“寒香梅”毫无韵致，紧张纠结的所谓寒兰“梅瓣”反成了“四不像”。所以在《寒兰赋》里我称寒兰为隐士、高士，意在于此。

我常想象，最初在深山中发现“水胭”的那个人，不管他怀有商业或其他怎样的目的，那一刻的心情一定是振奋和陶醉的。我很羡慕他，就好像传说中偶遇仙女的董永或牛郎。

这株花又名嫣红，“嫣”字用得好，但欠了仙气；“水胭”清澈见色，但读不出姿态。想来仙子的名字，我辈凡人是挖空心思也难起的吧。

水胭

欲赠伊人少管弦，高山流水舞婵娟。
仙姿玉立清风起，一笑嫣然漾水胭。

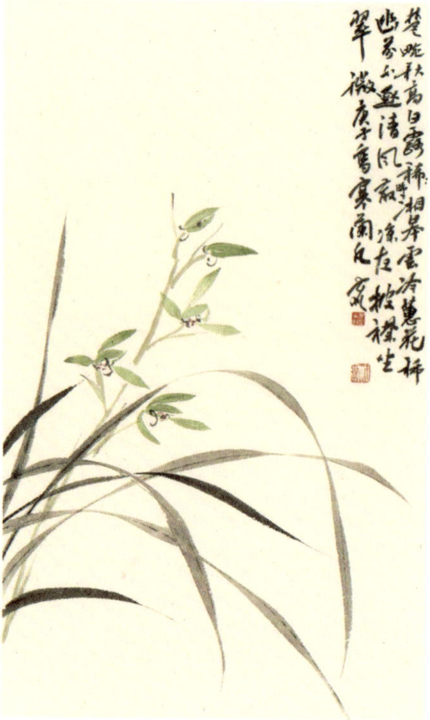

凡

凡

别名：无

门派：无

品级：上下品

地位：寒兰阔瓣型正格花代表

历史：2012 年下山于江西上犹县

叶材：细叶寒兰，叶片中宽而弯垂，如柳条婆娑。

花貌：花莛高挑，绿间红色；花朵中绿，排序疏朗，瓣型周正阔绰，花守极佳，气质不凡。

点评：寒兰中有此一品，亦可见特立独行之性格。

我不止一次说过，在国兰世界里，寒兰是最独特的存在。寒兰如深山隐士，如世外高人，如羽化之仙，你几乎无法用任何兰界术语描述它、规范它甚至评判它——它们跳出三界外，不在五行中。而凡便是彰显寒兰个性的一个绝好范例。

以清代的“瓣型理论”说，凡就是一个普通的行花，虽有“水仙瓣”的气质，却到底不够格；以宋明的“重色”思维去考量，凡既无鲜艳的色彩，又无硕大的花容，自然也不足论；以今人猎奇的眼光观察，更是稀松平常，非蝶非菊更非牡丹——如此说来，凡真是凡，简直一无是处了！

然而，恰恰相反，几乎所有人——不管是资深兰家还是业余兰客，甚至门外汉，面对这株小草都会由衷感叹：好花！可是好在哪里呢？却到底说不出。兰人至多说一句：标准正格花。然而这种评价无非像港台剧中男人夸女子美丽性感：“哇塞，好正点！”仅此而已。知其美而不知其何以为美——这既是寒兰之美的独特性，其实也是所有国兰鉴赏的一个为很多人所忽视的特质，再往大了讲，这种“难以言说”和“不可描述”，适用于一切中国传统文化艺术。这就是为什么南朝谢赫“六法”首倡“气韵生动”——“气韵”并不是基于其他“形而下”的技法基础之上才产生的、可有可无的虚幻的存在；相反，正因为一幅书画作品中所蕴含和流动的气，不可以具象的文字记录和传递出来，我们只能说：妙不可言。

凡的气质也是妙不可言的。为此我问这株草的发现和命名者田承欢，他回答说：“也没有刻意去想，就觉得这花规规矩矩的好像很平凡，乍一看好像没什么，但越看越耐看。”这就是凡——凡而不凡，不凡而凡。老子说“被褐怀玉”，庄子说“相忘于江湖”，王维说“野老与人争席罢，海鸥何事更相疑”。

附录

国兰辞典

植本

[兰根] 兰花之根，由外层的根皮、内层的根肉及中心层的根筋构成。无根毛，无分叉根，乳白或黄色，根尖呈白色晶体状。

[龙根] 由兰花种子发育生长出的兰苗称为“实生苗”，实生苗所具有的短而弯曲，常有分叉根，呈疙瘩状的特别根系叫作“龙根”。此种兰苗易出好花。

[芦头] 即兰花的茎，为假鳞茎。是兰花贮存水分和养料，供应兰草生长发育的器官，多呈球形或椭圆形，假鳞茎的上部生发花芽和叶芽，下层生根。

[叶姿] 兰株的叶片的生长姿态。分为直立叶、斜立叶、中垂叶、环垂叶、翻卷叶、奇叶等多种形式。

[叶形] 兰叶的形状，除长短、宽狭之外，尚有各种特殊形态。如燕尾叶、承露叶、鱼肚叶、行龙叶、蛤蟆叶、汤匙叶等。

[承露] 兰花的一种叶形，俗称“龙抬头”，即叶端上翘。此类叶片有望出好花，是叶中上品。

[行龙] 兰花的一种叶形。叶片出现皱卷，纵向皱卷的称“直龙”，横向为“横龙”。此叶也有望出好花，为上品兰叶。

[沙晕] 兰花叶芽和花芽之苞衣所显示出的一种色泽特质，即大量沙状斑点呈雾

状分布于芽或叶鞘之上。借以鉴别花品优劣，此类芽易出瓣型花或艳丽的复色花。

[主瓣] 标准的兰花花朵由外三瓣（三枚萼片）、内三瓣（两个花瓣及一个唇瓣）和一枚合蕊柱组成。其中位于花朵外轮正中的一片花萼称为主萼片，俗称主瓣。传统瓣型说要求主瓣必须正直。

[副瓣] 外三瓣两侧的两枚萼片，称为侧萼片，俗称副瓣。两枚副瓣在同一水平线，称为“平肩”；副瓣向上翘，为“飞肩”；向下为“落肩”。瓣型说以平肩最佳，飞肩次之，落肩最劣。

[捧瓣] 实为兰花之花瓣，位于花朵内轮，是传统兰花鉴赏之重要部分，具有多种形态。按瓣型说标准，分为蚕蛾捧、蚌壳捧、观音捧、猫耳捧、豆壳捧、蟹钳捧、剪刀捧、蒲扇捧、挖耳捧、罄口捧等。

[唇瓣] 内三瓣中央最下方的花被，俗称舌，具有独特的色彩和形态，为兰花鉴赏之重要部分。一般来说，形态以宽大、短圆、端正者为上品；舌苔以细匀、晶莹、光洁为上品；唇斑（点）以色泽鲜艳、形状规则为上品。按形态，分为刘海舌、圆舌、如意舌、龙吞舌、大铺舌、执圭舌、方缺舌、柿子舌、舟底舌等。

[合蕊柱] 舌瓣之上，捧瓣之中，由雄蕊雌蕊合生一体的繁殖器官。俗称鼻。以小而平整为佳。

[莛] 俗称花箭、花秆、花梗、花茎。其下部有鞘叶，俗称“苞衣”或“苞壳”，上部生长花蕾，俗称花序。苞衣以大而长、有沙晕者为佳；花序以疏密有致为佳；花莛以细圆挺拔为佳。

[灯草梗] 又叫“灯芯秆”，兰界指花梗细长者，即花莛细圆挺拔者，尤指蕙兰而言。以此为贵。反之，花莛粗笨者，称为“木梗”。

[柄] 花柄，即连接每一朵兰花和花莛的小梗。

[箨] 原指竹笋的外壳，兰界指花梗基部的苞片。

[兰膏] 亦称命露。兰花开放之际，在花柄末端连接花莛处，会产生一滴晶莹的凝胶物质，其态如朝露，味甘如蜜，最忌将之抹去。一旦抹掉，花朵早凋，故称“命露”。

瓣型

[中宫] 兰花之内三瓣（捧瓣及唇瓣）和鼻头（合蕊柱）共同组成的花心部分。其中每个部分都非常关键，尤其是鼻头。按“瓣型说”，中宫以“圆结”为佳。倘若鼻过大，捧瓣必然张开，俗称“开天窗”，如此一来其他部分再好也难登上品。

[平肩、飞肩] 见“副瓣”。

[收根] 指萼片（外瓣）和花瓣（内瓣）基部（根）收缩变狭。

[放角] 自瓣幅中央部位向瓣尖逐渐放宽，及至瓣尖又逐渐缩拢且向内微卷，汇成瓣尖微兜形，这段前后交接部位称放角。“收根放角”多发生在荷瓣和荷形水仙瓣中。

[起兜] 花瓣先端因雄蕊化而呈现兜状，同时增厚。这种兜状又称“白头”。

[软捧] 花瓣顶部稍微雄蕊化，但质地并未变硬。

[五瓣分窠] 瓣型花赏鉴术语，指中宫的表现形式，确切地说主要指捧瓣的着生样态。主要分三种：五瓣分窠、分头合背、连肩合背。其中以“五瓣分窠”为最上，即两片捧瓣各自分开，基部与外三瓣基部汇合一处。

[分头合背] 两捧瓣之瓣尖分开，但中部至基部仍联结一处。较之“五瓣分窠”为次。

[连肩合背] 捧瓣与鼻和舌联结成块状整体，或捧尖与鼻微分离。为最次。

[瓣型花] 建立于“瓣型说”基础之上的兰花形态，包括梅瓣、荷瓣、水仙瓣、竹叶瓣（普通瓣）等。

[梅瓣] 兰花形似梅者称梅瓣，梅瓣必须具备以下特征方为正格，否则徒具形似也只能称为“梅形瓣”。其一，花容端正，瓣质厚糯柔润；其二，外三瓣短圆紧边收根；其三，捧瓣明显乳化，厚实起兜，瓣端有白头，鼻头不露。多为蚕蛾捧、挖耳捧。此为鉴别梅瓣最重要标准；其四，唇瓣短圆，平伸不卷，如刘海舌、如意舌。正格梅瓣有春兰之宋梅、春剑之皇梅、建兰之红一品等。

[荷瓣] 荷瓣标准为：其一，外三瓣收根放角。即萼基极细，短阔肥厚，边缘内卷，形如荷花。其二，内三瓣圆结成球。即捧瓣短圆宽大，紧盖合蕊柱，多为蚌壳捧、罄口捧和蒲扇捧。其三，唇瓣短阔。如大圆舌、大如意舌、大龙吞舌和大刘海舌等。倘若盛开后花瓣拉长，收根较宽，唇瓣长圆后卷，只能算“荷形瓣”。古语云“千梅易得，一荷难求”，足见荷瓣之珍贵。正格荷瓣甚少，如春兰之神话、建兰之君荷、莲瓣之粉荷等。

[水仙瓣] 标准为：其一，外三瓣呈椭圆形，萼片较长，萼端有尖峰，收根细；其二，捧瓣起兜；其三，唇瓣微下挂或后卷。水仙瓣分为正格水仙、梅形水仙和荷形水仙，对应的铭品分别为春兰之汪字、西神梅和龙字。

[官种水仙] 捧瓣短而兜浅，微微有白边的水仙瓣。次正格水仙一等。

[百合瓣] 又称“飘门水仙”，属于传统“瓣型说”理论应用之衍生。花形似百合，

瓣端微向后卷仰或扭曲。瓣基较细，中部略宽，瓣尖渐窄而放宕，常有缺口歧门。铭品有春兰之汪笑春、莲瓣之邛玦、春剑之飘海棠、蕙兰之蜂巧。

色相

[蝶花] 花瓣部分或全部唇瓣化之兰花。分为外蝶、内蝶，或分为全蝶、主瓣蝶、副瓣蝶、捧瓣蝶、蕊蝶和三星蝶等。

[外蝶、内蝶] 外三瓣出现蝶化现象称外蝶，内三瓣蝶化（主要是捧瓣）为内蝶。

[全蝶、主瓣蝶] 主瓣蝶化为主瓣蝶，非常少见；花朵全部蝶化为全蝶，更为稀奇。

[副瓣蝶] 属于外蝶之一种，即副瓣蝶化，变成与唇瓣相近的质感和颜色。铭品有莲瓣之剑阳蝶、春兰之珍蝶、春剑之醉里簪花等。

[捧瓣蝶] 属于内蝶，即捧瓣蝶化。铭品有春兰之碧瑶，莲瓣之玉兔、桃园蝶、丽江星蝶、梁祝等。

[蕊蝶] 属于捧瓣蝶之高级形态，即捧瓣完全蝶化，色彩极为鲜明，内三瓣形质相近，但无“舌化”出现，即捧瓣无“舌根”及“喉管”，瓣上的斑块和舌斑也不尽一致。此类花常出现蝶花经典极品，其品位取决于花型及蝶色，如春兰之虎蕊、大龙胭脂、熊猫蕊蝶等。

[三星蝶] 属捧瓣蝶化程度最高之类型，指两捧瓣完全蝶化，且基本“舌化”，即与唇瓣（舌）色、状都几乎相同，具备“舌根”及“喉管”，三枚星状之“舌”共同构成内三瓣，异常艳丽。此外，鼻头也出现异化现象。此类蝶花多仰天向上而开。铭品有春剑之桃园三结义、建兰之一门三父子、莲瓣之大唐凤羽、春

兰之大元宝等。

[奇花] 花型因萼片、捧瓣、唇瓣、合蕊柱数量之增减和变异，形成超越常规之花。包括菊瓣、牡丹瓣、莲瓣、树形花等。

[菊瓣] 兰花形似菊花，其特征为：其一，内外轮花瓣数量增多，重叠层生；其二，瓣型细长；其三，唇瓣和合蕊柱退化或残存。其中，一莛数花之兰的品种，因花朵层叠向上伸展，酷似树形，故又单独列出称之为“树形花”（柯瓣）。菊瓣铭品有春兰之余蝴蝶，树形花有莲瓣之金沙树菊、建兰之翠玉牡丹。

[牡丹瓣] 兰花中最为瑰丽之品种，特征为：捧瓣发生变异，花瓣剧增；唇瓣数量增多；合蕊柱变异为众多花瓣，成为花上花。铭品有春剑之天机余锦、五彩麒麟，蕙兰之绿牡丹，建兰之千佛牡丹等。

[睡莲瓣] 简称莲瓣，似睡莲之形。其特征为舌瓣“捧瓣化”（与蝶花相反），形成花瓣内外轮同质化，向外呈辐射状伸展，有时花中开出同型小花。铭品有莲瓣之奇花素、剑湖奇，蕙兰之素十八，建兰七仙女等。

[色花] 指开出绿色以外颜色的兰花，如红、白、粉、紫、黄、橙、黑等。色彩越纯正鲜艳，品级越高；颜色越少见，越珍贵。

[复色花] 两种或两种以上色彩复合或相杂的花。其中色彩鲜明，且多种颜色对比度强烈者为上品。

[穿版] 即“脱青”，色花品鉴标准之一。指兰花脱去普通底色，花瓣正反两面都呈现鲜艳的色彩，为纯正之色花，为色花上品之基本要求。因普通兰花多为青绿色，故称“脱青”。其中没有穿版的色花，往往花瓣背面保留青色，称为“半脱”“单版”。

[素心] 又称素花、素舌、素心花、素舌花。唇瓣色质纯净，无斑点者称素。自古推为兰花上品。素心赏鉴历史悠久，自古及今铭品无数。

[全素] 素心花之中，全无任何杂色者为“全素”或“纯素”，为上上品。纯素中又分两种，一种以外三瓣为基准，如花瓣为绿色者称“绿素”，白者为“白素”。这一类用于指称大多数常规兰花素心；另一种以舌为基准，如舌全为红色者称“红素”，舌全为黄色称“黄素”，舌纯黑者为“墨素”，这一类多用于指称“色花”，实际上是“素道”和“色花派”结合之产物，可称为“色素”。

[水渍素] 纯素以外，又有几种不够纯正的“准素”，其中，唇底略显近似杂色，似色未脱净者，称“水渍素”，又叫“水印素”。

[刺毛素] 舌苔上绒毛状凸起物带杂色，为刺毛素，多见于蕙素品种。

[桃腮素] 唇基部或两捧间微泛红晕，如舌斑残痕者，称“桃腮素”。与纯素相比，这些“准素”要次一等，但有时也别具风情。

[素梅] 梅瓣或梅形瓣，同时为素心者，称为素梅或梅素。

[素荷] 荷瓣或荷形瓣，同时为素心者，称为素荷或荷素。

[素奇] 奇花兼备素心者，为素奇或奇素。

[素蝶] 蝶花而素心者，为素蝶。即捧瓣虽然完全舌瓣化，但由于舌为素，故捧瓣也素。

叶艺

[叶艺] 即叶片上出现大多数正常兰叶不具备的特殊色彩的斑纹、斑块，或水晶状组织，以及如花舌般的唇化现象，并且该兰品能够基本保持此种性状的稳定性，包括线艺、水晶艺、叶蝶等。

[线艺] 叶艺之基本态，即兰叶上具有白色或黄色的线纹、斑点、斑条或斑块。具有多个种类，如下分述：

爪艺：顾名思义，只在叶尖具有白黄色短线，短者称为“鸟嘴”，长者称为“深爪”，若“深爪”进一步向“覆轮”过渡且横向面积也增大者则称“鹤艺”。

覆轮：比爪艺再进一步，沿叶尖向下继续延伸，造成叶缘两边出现线艺者。如线艺仅占叶长三分之二，则称“金边（黄色）”或“银边（白色）”；占全者方可称“覆轮”。

斑艺：兰叶上出现不同颜色的点块或线纹者为“斑艺”。斑艺像虎皮称“虎斑”；斑艺似蛇皮称“蛇斑”。

缟艺：兰叶由尖到柄，出现直线条纹艺，称为“缟艺”。线纹越多者为“宝艺”，是缟艺之极品。

中斑：兰叶由柄到尖，但未完全达到叶尖（留出“绿爪”），出现密布的点线状叶艺。

中透：叶片中部整个显现黄白艺色，呈透明的艺性。

云井：兰叶上出现比叶色更深的绿色线条。

[水晶艺] 叶艺形态之一，兰叶上出现白色透明状水晶体，一般由斑块和线纹变

异而成。类似线艺，可分为水晶斑、水晶缟、水晶边和水晶嘴四种。

[叶蝶] 叶艺形态之一，又称“蝶艺”。指兰叶出现与兰花之唇瓣相近的乳化状质感、斑点和色彩。出现叶蝶的兰叶，叶片也会如兰花一样，会“开放”和枯萎。

[花艺] 带叶艺的兰品，往往开出与叶艺相似的花朵，称为“叶花双艺”，个别品种甚至身兼多艺，如寒兰之天山、莲瓣之大唐凤羽等。

[先明] 线艺的表征方式之一。叶芽出土便带艺，直至成株保持叶艺不变。

[先暗后明] 线艺的表征方式之一。新芽出土时无艺，成叶后显露出叶艺。

[先明后暗] 线艺的表征方式之一。新芽有艺，成苗以后叶艺消退。

其他

[筒] 兰花株数基本计量单位。古称“筒”，今称“苗”。一般来说，每苗（筒）草要包括完整的叶片、假鳞茎和根。

[本] 几苗为一本。多指称于拆墩，即分株时所分出的一簇小兰丛。

[墩] 大兰丛。

[拆墩] 即分株、分苗。

[龙头] 又称“前龙”，即前龙苗。指兰丛前方的易生长新苗的假鳞茎。反之，兰丛后端，生长多年的老假鳞茎，则谓“后龙”。

[马路] 专用术语，兰苗假鳞茎之间较宽的空隙称为“马路”。分株时以利器由此切开。

[下山] 从山中采挖的原生态之兰草，称为“下山草”或“下山兰”。历史上诸

多铭品都从中选出。

[上盆] 又称“落盆”，栽植新引种的兰花称为“上盆”。兰花上盆后，经过一段时日状况表现稳定，进入正常生长，称为“服盆”。

[赌草] 从众多下山草当中拣选自己认为有望出好花的兰草，称为“赌草”。赌草者所凭借的完全是个人的艺兰经验和眼光，但归根结底是靠运气。

[复花] 下山草培育多年，每一次再度开放称为“复花”。若开花表现与下山时一般无二，即保持兰品性状之稳定性，称为复花稳定。

[细花] 瓣型花等好品种的兰花，兰界又称细种。反之，普通兰花为粗种，也叫行花。

[糯] 兰界形容花瓣萼片质地细腻者，为质糯。

[出架] 花莛高出叶面或与叶面等高，称为“出架”。一般来说兰花以出架为佳，如此方显气势。但尚要因兰而异，有些兰花如春兰、豆瓣，基本都不出架。

[行秆] 花莛抽长。

[排铃] 又称“分铃”，此针对一莛多花的兰蕙而言。花箭拔出后，花莛上的花蕾由逐渐发育、生长、舒展、排序到依次打开，称为“排铃”。前期为小排铃，后期为大排铃。正常情况下，兰花由下往上数之第二朵花蕾先开，随后第一朵和第三朵渐次向上绽放。

[转茎] 蕙兰即将大排铃时，花梗上每朵花铃的花柄横出生长，花心朝外，称转茎，俗称转挖、转宕、转身等。

[凤眼] 顾名思义，指花苞绽放前，花苞侧面之形象。即外三瓣交接处之区域，半露未开之空隙，如丹凤眼状。为鉴花标准之一。

[上搭、下搭] 凤眼盖顶处为上搭，下部为下搭。若凤眼大而上搭深，花瓣必阔，起兜而肩平。

[开品] 兰花不一定每年开花都保持稳定品貌，故而对于兰花每年一度的开放，都要观察记录其品状。如达到此花标准品级，谓之开品到位；反之为不到位，或称“开飘”。

[控水] 为使兰花开品到位，需要在兰花排铃期进行适当控水，即减少浇水量和次数，以免因水分过大而致开品走形“开飘”。

[春化] 主要针对春兰等兰花开花而言。这些兰花花蕾的开放需要极高的温度和湿度条件。只有经历一段低温时期，才能促进其花芽形成和花器的孕育。

[僵芽] 指新生出的兰芽因各种原因停止生长。

[焐芽] 兰花栽培技艺。多指通过一定技术和养护使老芦头生根发芽。

[落剪] 兰开花最消耗养分，传统兰花理论认为，为避免养料消耗，应于开花数日后剪除花朵花莛，称为落剪。

图书在版编目（CIP）数据

兰花旨：中国兰花的形神与品格 / 宁大有著、绘
. -- 北京：中国经济出版社，2024.1
ISBN 978-7-5136-7631-1

Ⅰ. ①兰… Ⅱ. ①宁… Ⅲ. ①散文集 - 中国 - 当代
Ⅳ. ① I267

中国国家版本馆 CIP 数据核字（2023）第 248461 号

特约策划 善渊 SHINING heart_shining@163.com
责任编辑 龚风光 杨 祎
特约编辑 顾 盼
整体设计 李 响
责任印制 马小宾

出版发行 中国经济出版社
印 刷 者 鑫艺佳利（天津）印刷有限公司
经 销 者 各地新华书店
开 本 787mm × 1092mm 1/32
印 张 10
字 数 161 千字
版 次 2024 年 1 月第 1 版
印 次 2024 年 1 月第 1 次
定 价 89.00 元
广告经营许可证 京西工商广字第 8179 号

中国经济出版社 网址 www.economyph.com 社址 北京市东城区安定门外大街 58 号 邮编 100011